FORSCHUNGSERGEBNISSE
DES VERKEHRSWISSENSCHAFTLICHEN INSTITUTES FÜR LUFTFAHRT
AN DER TECHNISCHEN HOCHSCHULE STUTTGART
HERAUSGEGEBEN VON PROF. DR.-ING. CARL PIRATH
HEFT 10

# DER NACHTLUFTVERKEHR

## GRUNDLAGEN UND WIRKUNGSBEREICH

von

Prof. Dr.-Ing. Carl Pirath

**Mit 31 Abbildungen im Text**

BERLIN 1936
VERKEHRSWISSENSCHAFTLICHE LEHRMITTELGESELLSCHAFT M. B. H.
BEI DER DEUTSCHEN REICHSBAHN

Softcover reprint of the hardcover 1st edition 1936

ISBN-13:978-3-540-01225-2 e-ISBN-13:978-3-642-94546-5
DOI: 10.1007/978-3-642-94546-5

VERLAGSARCHIV 326

# Vorwort

Im Verlauf der Untersuchungen über die verkehrswirtschaftliche Bedeutung des Schnellverkehrs in der Luft, über die bereits im Heft 8 der Forschungsergebnisse berichtet wurde, drängte sich immer mehr die Frage auf, wieweit der Nachtluftverkehr als Mittel zur schnellen Überwindung der räumlichen Entfernungen im Luftverkehr geeignet sei. Für den Schnellverkehr in der Luft ergab sich eine gewisse Wirtschaftlichkeitsgrenze bei einer Reisegeschwindigkeit von 320—360 km/St. Das entspricht einer Höchstgeschwindigkeit von 400—450 km/St. Über diese Geschwindigkeiten hinaus wachsen die Kosten des Schnellverkehrs in der Luft sehr stark an, so daß eine weitere Steigerung der Geschwindigkeiten der Flugzeuge aus Gründen der Wirtschaftlichkeit des Luftverkehrs nach dem heutigen Stand der Entwicklung nicht gerechtfertigt erscheint. Dies legte den Gedanken nahe, zu untersuchen, in welchem Maße der Nachtluftverkehr vor allem auf große Entfernungen weitere Verbesserungen in der Leistungsfähigkeit und Wirtschaftlichkeit des Luftverkehrs zu bringen vermag.

Das vorliegende Heft befaßt sich mit der Lösung dieses Problems. In ihm werden die astronomischen, technischen und verkehrswirtschaftlichen Grundlagen des Nachtluftverkehrs untersucht und in Beziehung zu den im Nachtverkehr eingesetzten übrigen Verkehrsmitteln zu Lande und zu Wasser gestellt. Hieraus ergeben sich die Grenzen für die regionale und zeitliche Ausdehnung des Nachtluftverkehrs und die Voraussetzungen für seine zweckmäßige Gestaltung in technischer, betrieblicher und wirtschaftlicher Hinsicht. Darüber hinaus stellt die Untersuchung eine erstmalige grundsätzliche Behandlung der den Nachtverkehr der Verkehrsmittel bestimmenden Faktoren dar, die sich in erster Linie aus der Zeitlage von Tag und Nacht im Erdraum zu den verschiedenen Jahreszeiten, aus dem Willen zur Benutzung von Verkehrsmitteln zur Nachtzeit sowie aus der Wechselwirkung zwischen der Tagesarbeit und der Ruhelage der Arbeit zur Abend- und Nachtzeit im menschlichen Gesellschaftsleben für die Tätigkeit der Verkehrsmittel ergeben. Es ist zu erwarten, daß die durch den Luftverkehr herbeigeführte starke zeitliche Schrumpfung der großen Entfernungen allen diesen Faktoren eine neue und veränderte Bedeutung im Vergleich zu dem Nachtverkehr der wesentlich langsameren Erdverkehrsmittel geben wird.

Bei der Beurteilung und Feststellung der für den Luftverkehr wichtigen Dämmerungszeit waren mir Sonderuntersuchungen von Herrn Dr. K. Schütte, Observator der bayerischen Kommission für die Internationale Erdmessung in München, und Mitteilungen der Deutschen Seewarte, Hamburg, sehr wertvoll. Den Assistenten des Instituts, Herrn Dipl.-Ing. Rapp, Gerlach und Kress, gebührt Dank für ihre rege Mitarbeit bei der Durchführung von Einzeluntersuchungen.

Stuttgart, im Juli 1936

**Carl Pirath**

# Inhaltsverzeichnis

## Der Nachtflugverkehr

### Grundlagen und Wirkungsbereich

# Der Nachtluftverkehr

## Grundlagen und Wirkungsbereich

### I. Einführung

Der Begriff des Nachtverkehrs, der von den verschiedenen Verkehrsmitteln zu Lande, zu Wasser und in der Luft durchgeführt wird, wird zeitlich und räumlich durch die astronomisch-physikalischen Tatsachen und Erscheinungen im Weltsystem bestimmt. Der große Lebensspender, das Sonnenlicht, bringt den ewigen Rhythmus in den Wechsel zwischen Arbeit und Ruhe durch Licht und Dunkelheit oder durch Tag und Nacht. Pflanzen und Tiere passen sich in ihrem Lebensdasein diesem Wechsel zeitlich und räumlich an. Bei Tag erfüllen sie ihre Lebensbedingungen, bei Nacht ruhen sie aus.

Auch der Mensch ist diesem Rhythmus unterworfen, und nur besondere Umstände halten ihn im allgemeinen davon ab, ihm zu folgen. Diese besonderen Umstände ergeben sich aus den speziellen Lebensprinzipien der verschiedenen Rassen, Völker und Berufsschichten sowie aus den Lebensbedingungen der einzelnen Menschen. Abendländische Lebensauffassung bewertet die Zeit und meist auch den Raum viel stärker als morgenländische Selbstzufriedenheit, die sich in weitgehendem Maße der Natur der Umgebung unterwirft. Berufsschichten, deren Arbeit wie beispielsweise in der Landwirtschaft bodenverbunden sein muß, werden das geringste Bedürfnis haben, von den natürlichen Gesetzen von Tag und Nacht abzuweichen. Schon allein das Ruhebedürfnis von Pflanzen und Vieh zur Nachtzeit hindert sie daran, anders zu handeln, soweit nicht besonders geartete klimatische Verhältnisse, wie zeitweise starke Tageshitze in den tropischen Gebieten, eine Abweichung davon erfordern. Dagegen werden Berufsschichten, deren Arbeit der Organisation des Arbeitsausgleichs im menschlichen Gesellschaftsleben dient, vielfach bestrebt sein, zu Beginn der Tageszeit an dem häufig wechselnden Arbeitsort zu sein und dabei sich dem Rhythmus von Tag und Nacht für ihre Arbeitseinteilung zu entziehen.

Aber nicht allein auf die Person des Menschen erstreckt sich dieser bewußte Wille zur räumlichen und zeitlichen Arbeitsbereitschaft zu Beginn der Tageszeit. Sie trifft auch zu für viele materielle Dinge, die der Mensch zur Durchführung seiner Tagesarbeit zu einer bestimmten Zeit und an einem bestimmten Ort zur Verfügung haben muß. Es sind dies Güter und Nachrichten bestimmter Art, die für den Fortschritt der Arbeit des Menschen von bestimmendem Wert sind. Da sie als materielle Dinge in ihrer Daseinsmöglichkeit nicht abhängig von dem Lebensrhythmus zwischen Tag und Nacht oder Arbeit und Ruhe sind, so ist ihre Bereitstellung zur richtigen Zeit und am richtigen Verwendungsort ganz von dem Willen des Menschen abhängig, der sich ihrer bedienen will. Hier hat der Mensch nun durch die Organisierung der Ortsveränderung von Gütern und Nachrichten zur Nachtzeit Hemmungen beseitigt, die seinem Arbeitswillen und Arbeitsbedürfnis zeitlich und räumlich entgegenstehen. In dem Maß, in dem der Tätigkeitsdrang des Menschen zur Befriedigung seiner materiellen und geistigen Lebensbedürfnisse stark ausgeprägt ist, werden diese Hemmungen empfunden und mit geeigneten Mitteln bekämpft werden.

Es ist daher natürlich, daß mit der Steigerung des wirtschaftlichen Lebens in den verschiedenen Ländern und zu den verschiedenen Zeiten auch die Nacht immer mehr in die produktive Zeitskala des menschlichen Gesellschaftslebens eingeschaltet und ihrer das Leben unterbrechenden Eigenschaft bis zu einem gewissen Grad entkleidet wird. Die Antwort auf die Frage, durch welche künstlichen Mittel sich der Mensch die Nacht für seinen Arbeits- und Lebensbereich dienstbar macht, gibt das

Gesetz der lebenspendenden Wirkung des Lichts. Die Orientierung im Raum, die bei Dunkelheit unmöglich aber zu jeder menschlichen Arbeit unentbehrlich ist, wird durch organisiertes künstliches Licht zur Nachtzeit möglich gemacht. Damit werden ähnliche Arbeitsbedingungen wie zur Tageszeit geschaffen. In dem künstlichen Ersatz des Tageslichts durch besondere Lichtquellen oder sonstige Orientierungsmittel, wie elektrische Wellen, liegt daher auch das technische und betriebliche Problem des Nachtverkehrs der Verkehrsmittel. In den Verbesserungen, die der Nachtverkehr für den Ablauf des menschlichen Gesellschaftslebens zu bringen vermag, so daß er mehr oder weniger zur Notwendigkeit werden kann, liegt dagegen das verkehrswirtschaftliche Problem des Nachtverkehrs der Verkehrsmittel.

So ist auch der Begriff des Nachtluftverkehrs nach zwei Richtungen zu verstehen. Der Nachtluftverkehr ist, technisch und betrieblich oder ganz allgemein verkehrstechnisch gesehen, der Luftverkehr zur Zeit der Dunkelheit, verkehrswirtschaftlich oder vom Standpunkt des Verkehrskunden gesehen, der Luftverkehr zur Zeit der Abend- und Nachtruhe. Die Zeit der Dunkelheit unterliegt im Laufe eines Jahres einem ständigen Wechsel. Die Zeit der Abend- und Nachtruhe ist dagegen nahezu konstant und liegt im allgemeinen zwischen 20.30 und 6.00 Uhr. Das verkehrstechnische Problem hat die Frage zu behandeln, zu welchen Tageszeiten im Laufe des Jahres ein 24stündiger Luftverkehr den Bedingungen des Nachtluftverkehrs unterworfen ist und demnach die Betriebsbereitschaft der zur Orientierung im Raum notwendigen Einrichtungen bei Dunkelheit gegeben sein muß. Das verkehrswirtschaftliche Problem hat die Frage zu beantworten, welche Verbesserungen der Nachtluftverkehr gegenüber dem reinen Tagluftverkehr und dem Tag-Nacht-Verkehr der erdgebundenen Verkehrsmittel für den Ablauf des menschlichen Gesellschaftslebens bringt, so daß seine Einrichtung gerechtfertigt ist.

Wenn wir daher die Grundlagen für den Nachtluftverkehr untersuchen wollen, so werden wir ausgehen müssen von den natürlichen Gegebenheiten des Wechsels zwischen Tag und Nacht sowie von ihrer räumlichen und zeitlichen Verteilung. Aus ihnen ergeben sich zunächst die technischen und betrieblichen Grundlagen für den Nachtluftverkehr und anschließend auf Grund des Arbeitssystems und der Arbeitsbedürfnisse der Menschen die verkehrswirtschaftlichen Voraussetzungen für den Nachtluftverkehr. Diese werden ihrerseits wieder bis zu einem gewissen Grade räumlich und zeitlich bestimmt durch den Nachtverkehr anderer Verkehrsmittel im gleichen Verkehrsraum.

Da der Nachtverkehr der Verkehrsmittel in seiner technischen und verkehrswirtschaftlichen Bedeutung bisher meines Wissens noch nicht einer grundsätzlichen wissenschaftlichen Behandlung unterzogen worden ist, andererseits aber der Luftverkehr eine solche Behandlung notwendig verlangt, so ist in den nachstehenden Untersuchungen allen Grundbedingungen für den Nachtverkehr der Verkehrsmittel nachgegangen und ihre Bedeutung weiter analysiert, als es vielleicht für die Erdverkehrsmittel allein nötig gewesen wäre. Wir werden aber auch hierbei wieder wie auf so vielen Gebieten des Luftverkehrs die Feststellung machen, daß eine isolierte Behandlung des Nachtluftverkehrs ohne Rücksicht auf den Nachtverkehr anderer Verkehrsmittel einen zu engen Rahmen abgegeben und daher nur einen sehr bedingten Wert gehabt hätte.

## II. Der verkehrstechnische Begriff des Tag- und Nachtverkehrs

Der astronomisch-physikalische Begriff für Tag und Nacht stellt an sich die Grundlage für den verkehrstechnischen Begriff des Tag- und Nachtverkehrs dar. Der Tag umfaßt bekanntlich die verschieden große Zeit, in der die Sonne, von dem Erscheinen des oberen Sonnenrandes gerechnet, über dem scheinbaren Horizont steht, die Nacht die Zeit, in der sie, von dem Verschwinden des oberen Sonnenrandes gerechnet, unter dem scheinbaren Horizont steht. Unter dem scheinbaren Horizont, der im Nachfolgenden der Einfachheit halber Horizont genannt werden soll, ist dabei der die Erde scheinbar begrenzende und von der Himmelskugel scheidende Gesichtskreis ohne Berücksichtigung der physikalischen Unebenheiten der Erdoberfläche, dagegen mit Berücksichtigung der Brechung der Sonnenstrahlen von 34 Gradminuten verstanden. Der Beginn des Tags und das Ende der Nacht wird zeitlich durch den Sonnenaufgang, der umgekehrte Vorgang durch den Sonnenuntergang erfaßt, so daß der Tag von Sonnenaufgang bis Sonnenuntergang dauert, die Nacht von Sonnenuntergang bis Sonnenaufgang[1]). Wir wissen, daß in unseren Breiten Tag und Nacht am 21. März und 21. September eines jeden Jahres gleich sind, und daß am 21. Juni die kürzeste Nacht und der längste Tag und am 21. Dezember die längste Nacht und der kürzeste Tag vorliegen.

Dieser astronomisch-physikalische Begriff von Tag und Nacht ist zeitlich nur bedingt für die Definition des Tag- und Nachtverkehrs verwendbar. Denn in dem Augenblick des Sonnenaufgangs oder Sonnenuntergangs ist die Erde schon oder noch einige Zeit taghell beleuchtet, und erst allmählich tritt die eigentliche Tageshelligkeit oder die Dunkelheit ein. Es kann sich daher der Verkehr bereits vor der Zeit des Sonnenaufgangs und noch über die Zeit des Sonnenuntergangs hinaus zu den Bedingungen des Tagverkehrs abwickeln. Es entsteht daher die Frage, bis zu welchem Zeitpunkt und von welchem Zeitpunkt ab der Verkehr morgens bzw. abends den Bedingungen des Nachtverkehrs unterworfen ist. Die Bedingungen des Nachtverkehrs liegen vor, wenn die Leuchtkraft der Sonne nicht mehr ausreicht, um das Betriebsfeld eines Verkehrsmittels so hell zu beleuchten, daß das Sehen im Freien ohne künstliche Beleuchtung noch möglich ist. Ist dieser Beleuchtungszustand eingetreten, so ist die Orientierung im Raum, die für die sichere Durchführung der Bewegungsvorgänge im Verkehrswesen unerläßlich ist, ohne künstliche Mittel nicht mehr möglich. Es müssen daher im Interesse der Sicherheit des Verkehrs künstliche Lichtzeichen oder sonstige Orientierungsmittel gegeben und bestimmte, dem Verkehr dienende Räume und Flächen zur Abwicklung der Verkehrsvorgänge sowie Fahrzeuge für die Bequemlichkeit und Annehmlichkeit der Reisenden beleuchtet werden.

Verkehrstechnisch ist es daher von besonderer Wichtigkeit, den Zeitpunkt möglichst genau festzulegen, an dem die Bedingungen des Nachtverkehrs vor Sonnenaufgang aufhören und nach Sonnenuntergang beginnen. Die Astronomie hat diesen Zeitpunkt frühzeitig bis zu einem gewissen Grad nach den seinerzeit vorliegenden Bedürfnissen untersucht, weil er auch die Arbeitsbedingungen im menschlichen Gesellschaftsleben grundsätzlich nach Tag und Nacht scheidet. Er wird bestimmt durch die bürgerliche Dämmerung, die als Morgen- und Abenddämmerung auftritt. Ganz allgemein ist Dämmerung die Helligkeit, die die Sonne schon vor ihrem Aufgang sowie nach ihrem Untergang dadurch verbreitet, daß ihre Strahlen von in der Luft schwebenden festen und flüssigen Teilchen, z. B. von den Wassertröpfchen der Wolken, nach der Erde zurückgeworfen werden.

Die bürgerliche Dämmerung ist dadurch bestimmt, daß man während ihrer Dauer vor Sonnenaufgang und nach Sonnenuntergang bei wolkenlosem Himmel noch ohne künstliche Beleuchtung im Freien lesen kann. Das Ende der bürgerlichen Dämmerung ist also gegeben, wenn man im Freien nicht mehr lesen kann, oder man findet auch die Angabe, wenn das erste Purpurlicht der Sonne untergeht. Beides entspricht einer Sonnentiefe von 6—7 Grad oder einem Stand des oberen Sonnenrandes von 6—7 Grad unter dem Horizont. Alle Angaben über die Dauer der bürgerlichen Dämmerung können naturgemäß nicht sehr exakt sein, da die Helligkeit allmählich abnimmt, die Witterung von großem Einfluß ist und auch das Urteil des einzelnen Beobachters eine Rolle spielt[2]).

Dieser Umstand macht es notwendig, daß für praktische Fragen, wie sie vor allem im Nachtverkehr der Verkehrsmittel vorliegen, für das Ende der bürgerlichen Dämmerung, bei der also abends die Bedingungen des Nachtverkehrs erfüllt werden müssen, ein gewisser Spielraum gelassen wird und für das Ende sowie für den Beginn der bürgerlichen Dämmerung etwa 4,5—5,5 Grad Sonnentiefe je nach der Witterung angenommen wird[3]). Es schwankt die bürgerliche Dämmerung um 1—1,2 Grad oder ungefähr 8 Zeitminuten, so daß bei Regen und bei bedecktem Himmel beispielsweise das Ende der bürgerlichen Dämmerung bereits bei 1 Grad, bei Nebel sogar bei 1,2 Grad geringerer Sonnentiefe als bei unbedecktem Himmel vorliegt.

---

[1]) K. Schütte, „Wann geht die Sonne auf und unter?“ Berlin 1930.

[2]) K. Kähler, „Über die Helligkeit nach Sonnenuntergang“, Meteorol. Zeitschrift 1927; F. Schembor, „Ergebnisse von Helligkeitsmessungen mit der Kalziumzelle in der Dämmerung“, Gerl. Beiträge zur Geophysik, Band 28; W. Malsch, „Ende der Tageshelligkeit nach Sonnenuntergang“, Meteorol. Zeitschrift 1927; K. Schütte, „Der Einfluß der Bewölkung auf die Dauer der bürgerlichen Dämmerung“, Annalen der Hydrographie und maritimen Meteorologie 1936.

[3]) H. C. Freiesleben, „Praktische Dämmerungsfragen“. Annalen der Hydrographie und maritimen Meteorologie, Berlin, November 1931.

Praktisch gesehen würde bei einer Sonnentiefe von 4,5—5,5 Grad Abendbeleuchtung für die Verkehrssicherheit und für die Beschäftigung im Freien nötig werden. Bei gleicher Sonnentiefe würde morgens das Ende für diese Beleuchtung eintreten können. Daß in Großstädten noch unter dieses Maß, und zwar durchschnittlich bis zu 2,1 Grad Sonnentiefe für den Beginn des Anzündens der Straßenlaternen herabgegangen wird, ist erklärlich, da in beiderseits durch Häuser eingefaßten Straßen das Ende der Dämmerung früher eintritt. So kommt es auch, daß beispielsweise in Stuttgart die engen Gassen der Altstadt eine frühere Zündezeit der Laternen haben als die höher gelegenen Stadtteile. Die besonderen topographischen Bedingungen der einzelnen Ortsteile und die Einflüsse der Witterung werden in besonderen Brennkalendern der Städte berücksichtigt.

Für unsere Untersuchungen, die sich in erster Linie auf den Fernverkehr und damit auf große Raumweiten erstrecken, genügt die Feststellung, daß zur zeitlichen Erfassung der Dämmerung grundsätzlich der Beginn oder das Ende der bürgerlichen Dämmerung bei 6 Grad Sonnentiefe eintritt und daß die Bedingungen für den Nachtverkehr mit Rücksicht auf die Schwankungen im Helligkeitsgrad nach Witterung und Jahreszeiten bereits bei 4,5—5,5 Grad Sonnentiefe erfüllt sein müssen, wenn die Sicherheit des Verkehrs gewährleistet werden soll. Damit ist der verkehrstechnische Begriff für den Tag- und Nachtverkehr in der Dämmerungsgrenze erfaßt. Er fällt also nicht zusammen mit dem Sonnenaufgang oder Sonnenuntergang. Beide stellen vielmehr nur das Ende bzw. den Beginn der bürgerlichen Dämmerung dar.

Die Zeitdauer der bürgerlichen Dämmerung bei 6 Grad Sonnentiefe schwankt je nach Jahreszeit und geographischer Breite auf der nördlichen Halbkugel zwischen den in Tabelle 1 angegebenen

Tabelle 1. **Die Dauer der bürgerlichen Dämmerung auf der nördlichen Halbkugel** (In Zeitminuten)

| Zone | Äquatorzone | Gemäßigte Zone | | | Polarzone |
|---|---|---|---|---|---|
| Geographische Breite | 0° | 30° | 50° | 60° | 75° |
| 1 | 2 | 3 | 4 | 5 | 6 |
| Frühjahr. 1. Mai | 23 | 28 | 40 | 60 | Dauernde Dämmerung oder Mitternachtsonne |
| Sommer. 1. Juli | 24 | 28 | 43 | 70 | |
| Herbst. 1. November | 23 | 27 | 37 | 49 | 130 |
| Winter. 1. Februar | 24 | 28 | 38 | 52 | 180 |
| Kürzeste Dämmerung | 22 | 26 | 35 | 45 | 87 |
| Längste Dämmerung | 24 | 30 | 50 | 120 | Dauernde Dämmerung oder Mitternachtsonne |

Quelle: Dr. Schütte, „Der Verlauf der bürgerlichen Dämmerung auf der ganzen Erde mit besonderer Berücksichtigung der Polargebiete“, in: Meteorologische Zeitschrift, Heft 2, 1936. Braunschweig

Maßen. Auf der südlichen Halbkugel ist sie ähnlich gelagert, jedoch naturgemäß um 6 Monate verschoben. Danach ist die Zeitdauer der bürgerlichen Dämmerung ganz allgemein am größten in den Sommermonaten und am kleinsten in den Frühjahrs- und Herbstmonaten. In der Äquatorzone ist sie am kleinsten, so daß hier die Dunkelheit fast unmittelbar eintritt. In der Polarzone ist sie am größten und zu gewissen Jahreszeiten dauernd, so daß in dieser Zone die Dunkelheit sich sehr allmählich verbreitet oder überhaupt nicht aufkommt, so daß zu dieser Zeit dauernd Mitternachtssonne herrscht. Zwischen beiden liegt die Zeitdauer der bürgerlichen Dämmerung in der gemäßigten Zone. So beträgt sie auf dem für Europa wichtigsten 50. Breitegrad 35—50 Minuten.

Gegenüber der Dämmerung liegt der Zeitpunkt für völlige Dunkelheit, soweit diese überhaupt auf der Erde eintritt, bei klarem Wetter etwa bei 10 Grad Sonnentiefe, bei bedecktem Himmel etwa bei 8 Grad. Da die sogenannte astronomische Dämmerung, die vom Sonnenuntergang bis zum Sichtbarwerden der Sterne oder vom Verblassen der Sterne bis zum Sonnenaufgang währt, bis zu einer Sonnentiefe von 16—18 Grad also zur Zeit der völligen Dunkelheit endet bzw. beginnt, so ist sie für das praktische Leben ohne Bedeutung. Für den Verkehr bei Nacht spielt sie jedoch insofern eine Rolle, als sie die zeitliche Grenze für die Navigation der Überseeschiffahrt und der Luftfahrt bei klarem Himmel nach dem Sternensystem angibt.

Es entsteht hierbei noch die Frage, wie weit der Mond in der Lage ist, bei klarem Himmel die Bedingungen des Nachtverkehrs günstiger zu gestalten, oder, wenn möglich, die Bedingungen des Tagverkehrs herbeizuführen. Da der Mond von der Sonne beleuchtet wird und unmittelbar keine Lichtstrahlen wie die Sonne auf die Erde sendet, so ist sein Licht indirekt und von geringer Kraft für die Beleuchtung der Erde. Zur Nachtzeit scheint der Mond bei heiterem Himmel zu 58 % des Jahres. Die Leuchtkraft des Mondes bei heiterem Himmel ist jedoch selbst bei Vollmond nicht stark genug, um die Erdoberfläche so zu beleuchten, daß besondere Vorkehrungen für die Sicherheit des Nachtverkehrs nicht nötig wären. Der Mond erleichtert dann zwar bis zu einem gewissen Grad die Orientierung im Raum, er macht aber nicht die künstliche Orientierung für den Nachtverkehr entbehrlich.

## III. Die zeitliche und räumliche Verteilung von Tag und Nacht

Der Nachtverkehr, wie er im vorhergehenden Abschnitt zeitlich zum Tagverkehr abgegrenzt wurde, entbehrt ohne künstliche Hilfsmittel der genügenden Orientierung im Raum und damit der genügenden Sicherheit, solange die im Tagverkehr von der Natur gegebenen Orientierungsmöglichkeiten nicht durch künstliche Einrichtungen ersetzt sind. Grundsätzlich wird hierbei davon ausgegangen werden müssen, daß im Interesse der Leistungsfähigkeit des Nachtverkehrs möglichst die gleiche Sicherheit, Bequemlichkeit und Reisegeschwindigkeit bei jedem Verkehrsmittel gewährleistet wird wie beim Tagverkehr. Welcher Art diese Hilfsmittel sein müssen, wird später im Abschnitt X behandelt werden. Hier interessiert zunächst die Frage, für welche Zeit und für welchen Raum sie zur Verfügung stehen müssen.

Zu diesem Zweck ist die räumliche und zeitliche Verteilung von Tag und Nacht auf der Erde in für den Verkehr wichtiger und maßgebender Weise untersucht und in den Abb. 1—3 anschaulich dargestellt worden. Es sind einmal die Grenzlagen von Tag und Nacht bei längstem Tag (Abb. 1) und kürzestem Tag (Abb. 2) oder kürzester und längster Nacht und weiter bei Tag- und Nachtgleiche (Abb. 3) für Europa behandelt. Bei der besonderen Bedeutung der bürgerlichen

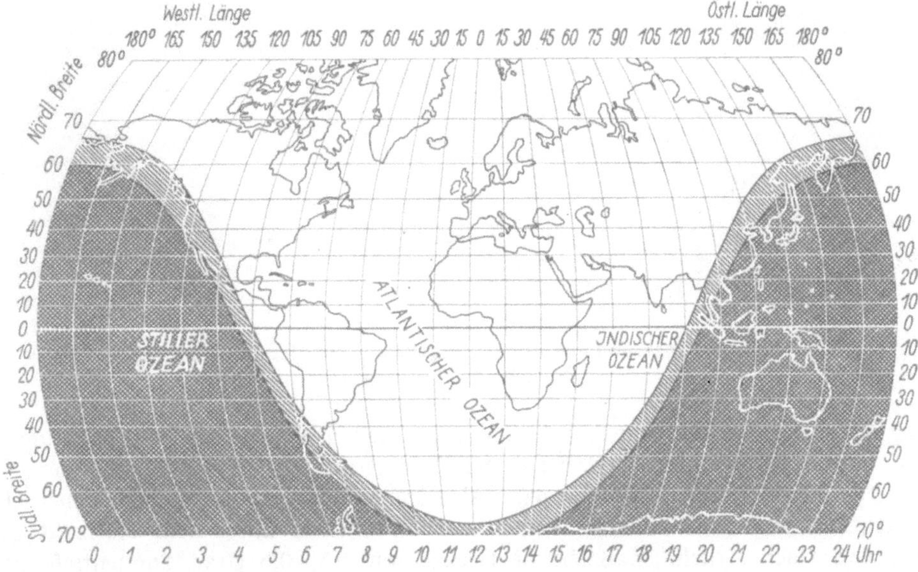


Abb. 1. Tag und Nacht in zeitlicher und räumlicher Verteilung auf der Erde zur Zeit des längsten Tages oder der kürzesten Nacht für Europa

Dunkel schraffiert = Nacht
hell schraffiert = Bürgerliche Dämmerung
weiß = Tag

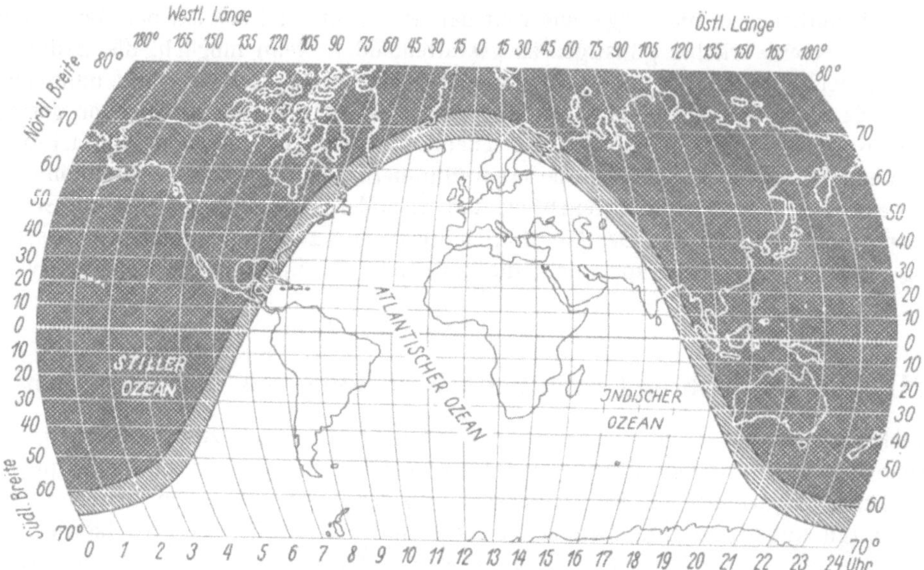


Abb. 2. Tag und Nacht in zeitlicher und räumlicher Verteilung auf der Erde zur Zeit des kürzesten Tages oder der längsten Nacht für Europa

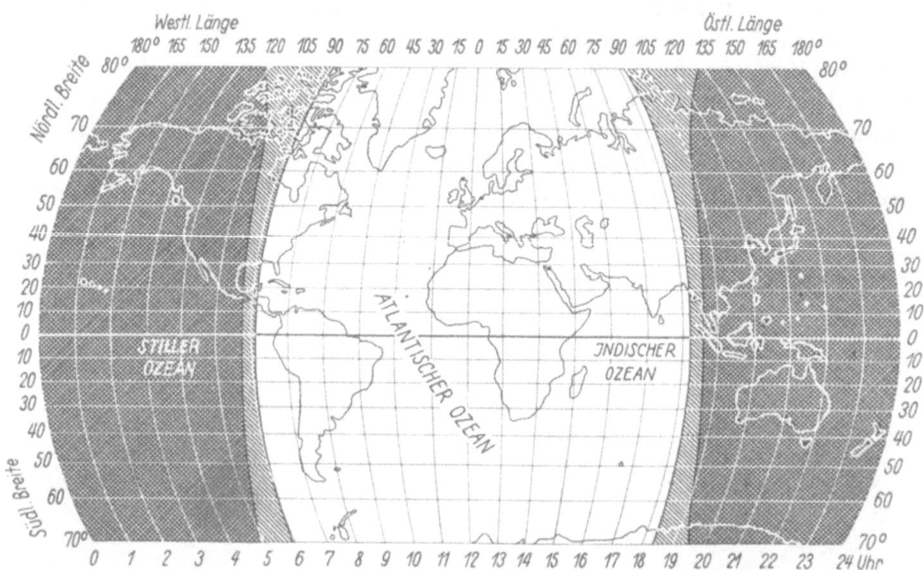


Abb. 3. Tag und Nacht in zeitlicher und räumlicher Verteilung auf der Erde zur Zeit der Tag- und Nachtgleiche für Europa

Dämmerung für den Nachtverkehr wurde die Dämmerungszeit neben der Tag- und Nachtzeit eingetragen, um die Größe und den Verlauf der Dämmerung zu der Größe und dem Verlauf der eigentlichen Tag- und Nachtzeit festzulegen. Als Grenze zwischen der bürgerlichen Dämmerung und der Nachtzeit wurde die übliche Sonnentiefe von 6 Grad unter dem Horizont gewählt, so daß die für den Nachtverkehr maßgebende Grenze um 1,5—0,5 Grad Sonnentiefe geringer ist. Die Grenze zwischen der bürgerlichen Dämmerung und der Tagzeit bildet der Sonnenaufgang bzw. der Sonnenuntergang, bei denen die Sonne eben unter dem Horizont verschwindet, also die Sonnentiefe nahezu 0 Grad beträgt.

Die Darstellungen wurden im übrigen auf den Längengrad 0 Grad von Greenwich mit der Maßgabe bezogen, daß die Sonne in diesem Längengrad ihren Höchststand hat, es also 12 Uhr Mittag ist.

Dann ergeben sich die für die erwähnten Stichtage vorliegenden Kurven der Tagzeit, der Dämmerung und der Nachtzeit, die mit der Drehung der Erde in 24 Stunden einmal um den Erdball wandern und für jede Tagesstunde und jeden Teil des Erdballs das Verhältnis zwischen Tag, Dämmerung und Nacht anzeigen[1]). Je 15 Grad geographischer Länge entsprechen einem Zeitunterschied von 1 Stunde, so daß aus den Abbildungen auch, wie später noch erläutert wird, der für den Verkehr wichtige Zeitunterschied zwischen den Ortszeiten verschiedener Punkte der Erde abgelesen werden kann.

Die Auswertung der Abb. 1—3 für den Nachtverkehr auf großen Entfernungen, wie sie für den Luftverkehr in erster Linie in Frage kommen, zeigt die großen Unterschiede zwischen der Tag- und Nachtzeit zur Sommer- und Winterzeit für die nördliche und südliche Halbkugel. Das Band der Dämmerungszeit verläuft allmählich von der kürzesten Dämmerungszeit am Äquator zu immer größer werdenden Zeiten in der gemäßigten Zone und vor allem in der Polarzone. Die Äquatorzone hat den geringsten Zeitunterschied zwischen Tag und Nacht im Laufe des Jahres. Europa und Nordamerika, die Entwicklungszellen des Weltluftverkehrs, liegen dagegen im Bereich starker Unterschiede, die auf der Höhe des 70. Breitegrades im Winter zur völligen Nacht auswachsen. Im einzelnen enthält die Tabelle 2 die genauen Tageszeiten für den längsten, mittleren und kürzesten Tag auf den verschiedenen Breitengraden.

Tabelle 2. **Die längste, mittlere und kürzeste Tagzeit zwischen Sonnenaufgang und -untergang auf den verschiedenen Breitengraden**

| Tag | 0° S.A.—S.U[2]). | 30° S.A.—S.U. | 50° S.A.—S.U. | 60° S.A.—S.U. | 75° S.A.—S.U. |
|---|---|---|---|---|---|
| 1 | 2 | 3 | 4 | 5 | 6 |
| Längster Tag . . . | 5.58—18.05 | 4.58—19.04 | 3.50—20.12 | 2.35—21.27 | Mitternachtssonne |
| Mittlerer Tag . . . | 5.56—18.03 | 5.56—18.03 | 5.56—18.03 | 5.56—18.03 | 5.56—18.03 |
| Kürzester Tag . . . | 5.54—18.01 | 6.51—17.04 | 7.50—16.00 | 9.02—14.53 | Ständige Nacht |

Der verhältnismäßig starke Wechsel zwischen der Länge der Tag- und Nachtzeit in der gemäßigten Zone stellt den Nachtluftverkehrsbetrieb in den Ländern dieser Zone im Laufe des Jahres unter besonders ungünstige betriebliche Bedingungen, denen durch umsichtige und zuverlässig wirkende Maßnahmen entsprochen werden muß. Das gleiche trifft naturgemäß für alle anderen Verkehrsmittel mit Tag- und Nachtverkehr, der sich in diesen Zonen abspielt, zu, wie bei den Eisenbahnen, dem Seeverkehr und dem Kraftwagenverkehr. Da andererseits in der gemäßigten Zone die bedeutendsten wirtschaftlichen Aktionszentren der Erde mit den größten Verkehrsbedürfnissen liegen, so ergeben sich für den weitaus größten und wichtigsten Verkehr der Erde im Nachtverkehr nicht gerade günstig gelagerte Voraussetzungen. Das wird ganz allgemein zur Folge haben, daß insbesondere der Nachtluftverkehr nur dann eingerichtet zu werden verdient, wenn er wesentliche Vorzüge in der Verkehrsbedienung und in der Wirtschaftlichkeit des Luftverkehrs mit sich bringt, und er daher die Maßnahmen und Aufwendungen für seine Sicherheit und Leistungsfähigkeit rechtfertigt.

Die Phasenverschiebung für Tag und Nacht, unter der auf den verschiedenen Breitengraden im Laufe eines Jahrs der Verkehrsbetrieb sich zur Nachtzeit abwickeln muß, tritt vielleicht für die wichtigsten Erdzonen noch deutlicher in Erscheinung, wenn wir den Zeitwechsel zwischen Tag und Nacht für die 12 Monate des Jahres bestimmen und auftragen. Das ist in den Abb. 4—8 auf Grund der gleichen Untersuchungen und Überlegungen, die für die Aufstellung der Abb. 1—3 maßgebend waren, geschehen. Es sind wieder die für die Beurteilung des Nachtverkehrs wichtigen Erscheinungen in Gestalt von Tagzeit, Dämmerungszeit und Nachtzeit gekennzeichnet, und zwar für die charakteristischen geographischen Breiten von 0, 30, 50, 60 und 75 Grad nördlicher Breite.

[1]) Die Werte für den Sonnenaufgang und Untergang wurden dem Air-Almanac, Washington 1933, entnommen; die Werte für die Dämmerung der Abhandlung von K. Schütte, „Der Verlauf der bürgerlichen Dämmerung auf der ganzen Erde mit besonderer Berücksichtigung des Polargebiets" in Meteorologische Zeitschrift, Heft 2, 1936, Braunschweig.

[2]) S.A. = Sonnenaufgang. S.U. = Sonnenuntergang.

Für die südliche Halbkugel ist der Verlauf der Kurven für die entsprechenden Breitengrade ähnlich, jedoch um einen Zeitunterschied von 6 Monaten verschoben.

Die Tag- und Nachtlängen sind am Äquator in allen Monaten nahezu gleich, auf dem 30. Breitengrad zeigen sie einen Unterschied von 4 Stunden, auf dem 50. Breitengrad, also in der Höhe von Frankfurt a. M., von 9 Stunden, auf dem 60. Breitengrad, der auf der Höhe von Stockholm liegt, von 15 Stunden, um dann auf dem 75. Grad südlich Spitzbergen innerhalb von 3 Monaten je im Frühjahr und im Herbst um 24 Stunden unterschiedlich zu sein und in den übrigen Monaten in ständigen

Tabelle 3. **Die mittlere monatliche und Jahresnachtlänge auf der nördlichen Erdhälfte** (In Stunden)

| Monat | Breitengrad | | | | |
|---|---|---|---|---|---|
| | 0° | 30° | 50° | 60° | 75° |
| 1 | 2 | 3 | 4 | 5 | 6 |
| Januar | 11,2 | 12,6 | 14,0 | 15,4 | 22,0 |
| Februar | 11,2 | 12,0 | 12,6 | 13,5 | 15,4 |
| März | 11,2 | 11,2 | 10,7 | 10,7 | 9,6 |
| April | 11 2 | 10,2 | 8 9 | 7,8 | 1,4 |
| Mai | 11,2 | 9,4 | 7,2 | 4,6 | — |
| Juni | 11,2 | 9,1 | 6,1 | 1,0 | — |
| Juli | 11,2 | 9,3 | 6,6 | 2,9 | — |
| August | 11,2 | 9,8 | 8,3 | 6,2 | — |
| September | 11,2 | 10,6 | 10,0 | 9,3 | 6,2 |
| Oktober | 11,2 | 11,6 | 11,9 | 12,2 | 13,1 |
| November | 11,2 | 12,3 | 13,5 | 14,6 | 19,3 |
| Dezember | 11,2 | 12,8 | 14,3 | 16,0 | 24,0 |
| Mittlere Nachtlänge im Jahresdurchschnitt | 11,2 | 10,8 | 10,5 | 9,6 | 9,3 |

Anm.: Die Dauer der bürgerlichen Dämmerung wurde jeweils von der Nachtlänge abgezogen.
Quellen: Air Almanac, Washington 1933 (Sonnenaufgang, Sonnenuntergang). Mitteilungen von K. Schütte (Dämmerungsfragen). Siehe Tabelle 1.

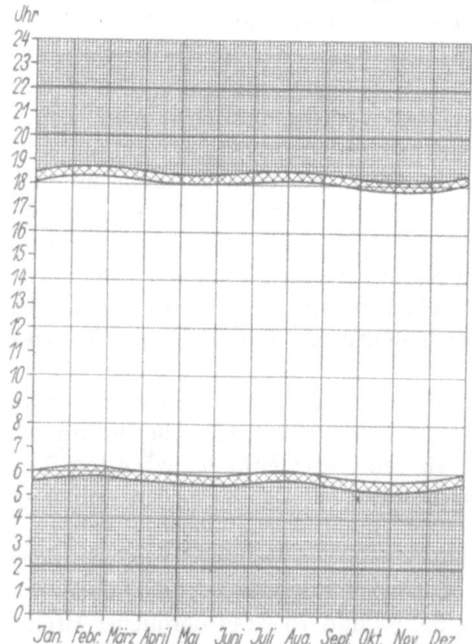


Abb. 4. Der Zeitwechsel von Tag und Nacht am Äquator im Lauf eines Jahres
Dunkel schraffiert = Nacht
hell schraffiert = Bürgerliche Dämmerung
weiß = Tag

Tag und in eine nahezu ununterbrochene Nacht überzugehen. Im einzelnen enthält Tabelle 3 die mittlere monatliche und jährliche Nachtlänge auf der nördlichen Erdhälfte, denen diejenigen auf der südlichen Erdhälfte ungefähr entsprechen.

Die Abb. 4—8 zeigen in sehr charakteristischer Form die Schwankungen der Tag- und Nachtgrenzen im Verlauf eines Jahres. Sie bilden daher eine unentbehrliche Grundlage für die Betriebsdispositionen eines Nachtverkehrs, die diesem Rhythmus zeitlich und technisch folgen müssen. Je größer diese Schwankungen sind, um so mehr ist zu bestimmten Jahreszeiten der reine Tagverkehr zeitlich bedingt und um so notwendiger wird der Nachtverkehr, wenn ein größeres Verkehrsbedürfnis zu befriedigen ist. Haben wir es beispielsweise mit einem Luftverkehr zu tun, der in der Nord-Süd- oder Süd-Nordrichtung über den Äquator hinweg sich abwickeln muß, so entzieht sich ein derartiger Verkehr in der Äquatorzone in erheblichem Maße diesen Schwankungen, da er in ihr immer wieder die nahezu gleiche Tag- und Nachtlänge antrifft. Liegt dagegen die Luftverkehrslinie in der Ost-West- oder West-Ostrichtung, so ist der Luftverkehrsbetrieb der ganzen Bedeutung der Schwankungen

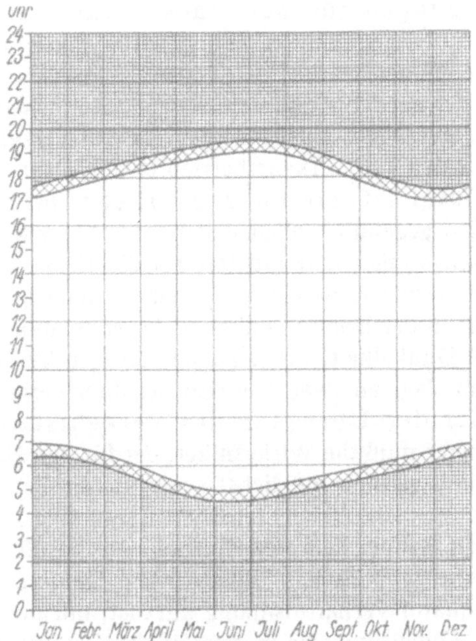


Abb. 5. Der Zeitwechsel von Tag und Nacht auf dem 30. Grad nördlicher Breite im Lauf eines Jahres

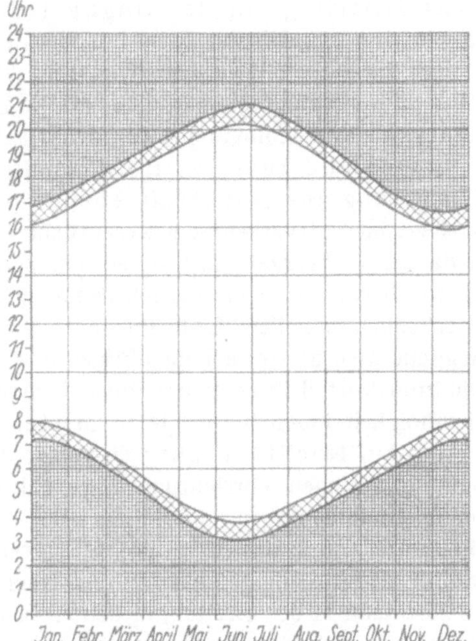


Abb. 6. Der Zeitwechsel von Tag und Nacht auf dem 50. Grad nördlicher Breite im Lauf eines Jahres

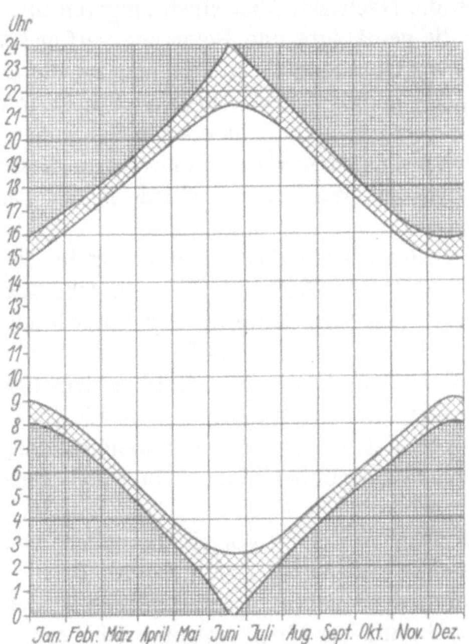


Abb. 7. Der Zeitwechsel von Tag und Nacht auf dem 60. Grad nördlicher Breite im Lauf eines Jahres

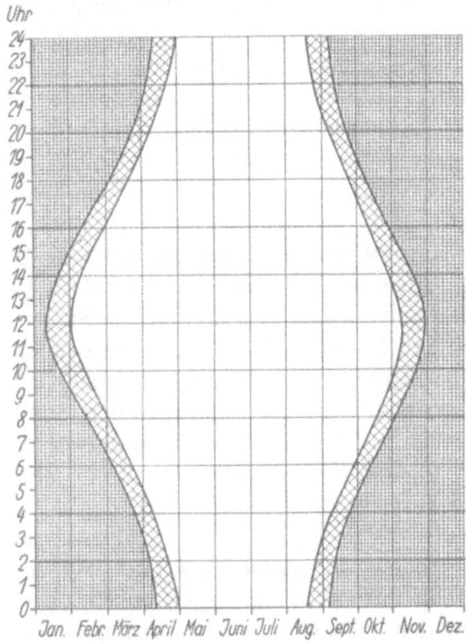


Abb. 8. Der Zeitwechsel von Tag und Nacht auf dem 75. Grad nördlicher Breite im Lauf eines Jahres

um so mehr unterworfen, je weiter die Linie von dem Äquator entfernt ist. In der gemäßigten Zone, in der die stärksten Verkehrsbedürfnisse für den Luftverkehr vorliegen, haben wir in der Größe des Schwankungsausschlags eine Mittellage, so daß wir es in ihr auch mit einer Mittellage in der Ungunst der Bedingungen für den Nachtverkehr zu tun haben. In dem Bereich der Erde nördlich und südlich der gemäßigten Zonen wird von Grad zu Grad der Unterschied zwischen Tag- und Nachtlänge immer stärker.

Dies alles verlangt eine besonders starke Betonung der betriebs- und verkehrstechnisch wichtigen Forderung, die Vorbedingungen für den Nachtverkehr auf weite Entfernungen im Luftverkehr so vollkommen und zuverlässig zu gestalten, daß für den Luftverkehrsbetrieb eine sichere Betriebsführung zur Nachtzeit ebenso gewährleistet ist wie im Tagverkehr. In diesem Punkt liegt im Luftverkehr ein wesentlicher Unterschied gegenüber allen anderen Verkehrsmitteln. Denn da der Luftverkehr mit wesentlich höheren Geschwindigkeiten arbeitet als die Erdverkehrsmittel, so überwindet er die verhältnismäßig kurze Dämmerungszone eines sich zur Nacht neigenden Tages erheblich schneller. Es bleibt ihm nicht immer das in der Dämmerungszone liegende und durch sie mögliche allmähliche Hineinfühlen in die Zone der Dunkelheit, wie es bei den übrigen Verkehrsmitteln zum Vorteil ihrer rechtzeitigen Umstellung vom Tag- auf Nachtbetrieb bei ihrer geringeren Geschwindigkeit möglich ist. Je unmittelbarer aber der Übergang des Verkehrsmittels von Tag- auf Nachtverkehr sich vollzieht, um so mehr muß die Wirksamkeit der für den Nachtverkehr notwendigen Vorrichtungen gesichert sein und zeitlich möglichst schon in die Zone der Taghelligkeit hineinragen.

Praktisch würde das bedeuten, daß bereits bei einer Sonnentiefe von 0 Grad, also bei Sonnenuntergang die Vorbedingungen für den Nachtluftverkehr geboten sein müssen. Die Dämmerungszeit behält dann in den Breiten, in denen sie wie am Äquator verhältnismäßig kurz ist, nur noch die für das sichere Arbeiten der Funkapparate so wichtige Bedeutung, die in Gestalt des Dämmerungseffekts heute noch gewisse Gefahren für das Fliegen in der Zeit der Dämmerung, also in der Grenzzeit zwischen Tag und Nacht, in sich birgt. In der gemäßigten Zone und nach der Polarzone zunehmend ist die Dämmerungszeit, wie wir festgestellt haben, wesentlich länger als in der Äquatorzone, so daß wir für einen allmählichen Übergang aus der Tagzeit in die Nachtzeit über einen längeren und damit günstiger gelagerten Dämmerungsbereich für die gemäßigte und Polarzone verfügen als für die Äquatorzone. Das Auge findet in diesem allmählichen Übergang mehr Zeit, sich an die Dunkelheit der Nacht zu gewöhnen, was für einen sicheren Flugbetrieb nur von Vorteil sein kann. Wir können daher feststellen, daß die längere Dämmerungszeit in der gemäßigten Zone oder in der Zone größter Verkehrsbedürfnisse ein wertvoller Aktivposten für den Nachtluftverkehr in dieser Zone ist. Er gleicht bis zu einem gewissen Grad den Nachteil der großen Unterschiede in der Tag- und Nachtzeit in der gemäßigten Zone aus.

Nun ist im Gegensatz zu den erdgebundenen Verkehrsmitteln das Luftfahrzeug in der Lage, nicht allein in der horizontalen, sondern auch in der vertikalen Richtung über die Oberfläche der Erde hinaus seinen Standpunkt zur Sonne zu verändern. Nach den heute für den Luftverkehr maßgebenden Bedingungen bewegt sich das Luftfahrzeug in Höhen von 500—3000 m über dem Meeresspiegel oder in mindestens 500 m über dem Gelände. Diese Höhenlage ermöglicht es dem Flugzeugführer, gleichsam der untergehenden Sonne länger nachzuschauen und die aufgehende Sonne eher zu sehen als die unter ihm befindlichen Erdbewohner, so daß er für seine Flugbahn gleichsam den Bereich und die Zeit der Dämmerung über das für den Erdbewohner maßgebende Maß mehr oder weniger vergrößern kann.

Es würde dieser Umstand einen besonderen betriebstechnischen Vorteil darstellen, wenn das Luftfahrzeug lediglich im Luftraum sich zu bewegen hätte und keine Rücksicht auf den Beleuchtungszustand der unter ihm liegenden Erdoberfläche zu nehmen brauchte. Das ist jedoch in der Regel nicht der Fall, denn sobald Störungen im Triebwerk während des Flugs eintreten oder sonstige unerwartete Umstände ein Landen verlangen, muß der Flugzeugführer die unter ihm liegende Erdoberfläche jederzeit und so weit überschauen und auf Grund besonderer Kennzeichen beurteilen können, daß er eine möglichst gefahrlose Landung durchführen kann. Die Höhe des Fluges spielt daher für die Erfüllung der nötigen Vorbedingungen für den Nachtluftverkehr keine ausschlaggebende Rolle, maßgebend bleibt hierfür der Beleuchtungszustand der unter dem Flugzeug befindlichen Erdoberfläche, die dem Flugzeugführer ständig eine genügende Orientierung im Raum und im Gelände bieten muß.

In anderer Hinsicht hat jedoch die Höhenlage des Fluges für die Sicherheit des Nachtfluges eine gewisse günstige Bedeutung. Für das in der Nacht fliegende Flugzeug sind zum Auffinden der Richtung in bestimmten Abständen der Fluglinie Leuchtfeuer aufgestellt. Sofern die Lichtstärke dieser Leuchtfeuer genügend groß ist, würde der Flieger die Leuchtfeuer in Abhängigkeit von seiner Höhe über der Erdoberfläche im ebenen Gelände auf weitere Entfernungen sehen, als der unter ihm befindliche Erdbewohner. Die Abb. 9 gibt hierzu an, in welchem Maße die Sichtweiten von der Höhenlage des Fluges abhängig sind. Bei einer durchschnittlichen Mindesthöhe des Flugzeuges von 500 m über dem Gelände würde bei klarem Wetter die Sichtweite bis 75 km reichen und ein Leuchtfeuer auf eine 6mal größere Entfernung sichtbar sein als vom Boden aus, von dem ein Erdbewohner nur eine Sichtweite von ungefähr 12 km hat. Naturgemäß muß die Lichtstärke der Lichtquelle die Sicht auf so weite Entfernungen gestatten.

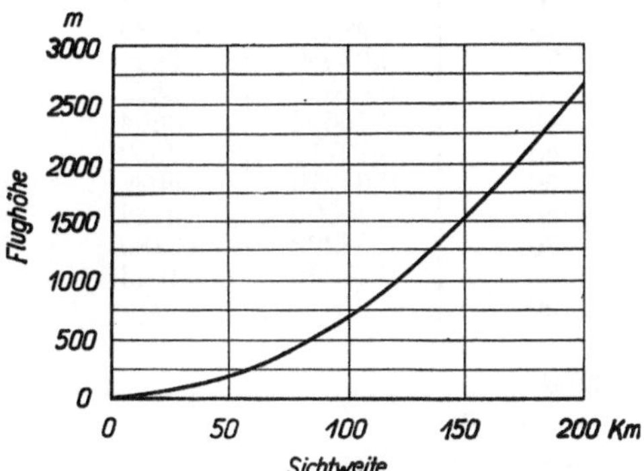


Abb. 9. Die Sichtweite in Abhängigkeit von der Flughöhe bei ebener gewölbter Erdoberfläche und günstigen Sichtverhältnissen der Luft. (Nach Prof. Dr. Fischer, Stuttgart)

Es wird daher für ein Flugzeug, das der Nacht entgegenfliegt, bei normaler Flughöhe über dem Gelände ein Leuchtfeuer auf eine Entfernung von 75—100 km wertvolle Dienste leisten können zu einer Zeit, bei der am Standort des Leuchtfeuers noch volles Tageslicht vorherrscht und nicht einmal die Dämmerung begonnen hat. Hiernach wird zweckmäßig die volle Bereitschaft von Leuchtfeuern für die Kennzeichnung der Luftlinie zeitlich nach der Entfernung zu bestimmen sein, auf die ein in normaler Höhe von 500—1000 m Höhe fliegendes Flugzeug ein Leuchtfeuer in ebenem Gelände sehen kann. Es würde dies bedeuten, daß die Leuchtfeuer möglichst 30 Minuten vor Sonnenaufgang angezündet werden müssen, wenn die Hilfen für ein sicheres Fliegen zur Nachtzeit rechtzeitig und möglichst weitgehend geboten werden sollen.

Die Zusammenhänge zwischen dem zeitlichen Ablauf und der räumlichen Verteilung von Tag, Dämmerung und Nacht im Erdraum und zu den verschiedenen Jahreszeiten gaben bereits wertvolle Richtlinien für die Bereitschaftszeit der für den Nachtverkehr notwendigen künstlichen Mittel zur Orientierung im Raum, über deren Art in einem späteren Abschnitt des Heftes gesprochen wird. Auf Grund der Verteilung der Nacht im Erdraum ist bei dem Bedürfnis nach schneller und leistungsfähiger Ortsveränderung auf große Entfernungen der Nachtverkehr weder bei den Erdverkehrsmitteln noch bei dem Luftverkehr zu vermeiden. Das legt die Untersuchung der Frage nahe, in welcher Beziehung die Schnelligkeit eines Verkehrsmittels zu der Geschwindigkeit des Zeitwechsels zwischen Tag und Nacht auf den verschiedenen Breitengraden steht und welchen Einfluß die Lage des Zeitwechsels zwischen Tag und Nacht auf die Arbeits- und Verkehrsbereitschaft des Menschen hat.

## IV. Die Fortschrittsgeschwindigkeit des Wechsels zwischen Tag und Nacht und der Einfluß dieses Wechsels auf den Arbeitsablauf des Menschen

Was zunächst die Fortschrittsgeschwindigkeit des Wechsels zwischen Tag und Nacht anbelangt, so ist darunter die Geschwindigkeit in km/St. zu verstehen, mit der der Wechsel zwischen Tag und Nacht auf der Erde in den verschiedenen Himmelsrichtungen sich fortpflanzt oder vollzieht. Sie hat vor allem dann eine verkehrstechnische Bedeutung, wenn das Verkehrsmittel auf Grund hoher Eigengeschwindigkeiten in der Lage ist, sich bis zu einem gewissen Grad dem Eintritt der Nacht zu entziehen und möglichst lange unter den zuverlässigeren Bedingungen des Tagverkehrs zu arbeiten. Bei den verhältnismäßig geringen Geschwindigkeiten der erdgebundenen Verkehrsmittel war dieser Zusammenhang ohne besondere Bedeutung. Bei dem Luftverkehr mit seinen wesentlich höheren Geschwindigkeiten ist seine nähere Untersuchung notwendig.

Die Grenze zwischen Tag und Nacht wandert in ihrer für jeden Tag charakteristischen Struktur, wie sie beispielsweise in Abb. 1 enthalten ist, auf Grund der Umdrehungsrichtung der Erde, die von

Tabelle 4. **Die Fortschrittsgeschwindigkeit $v_f$ der Grenze zwischen Tag und Nacht auf den verschiedenen Breitengraden**

| Breitengrad | $\cos\varphi$ | $R\cos\varphi = r$ km | $2\pi r$ km | $v_f = \frac{2\pi r}{24}$ km/h |
|---|---|---|---|---|
| 1 | 2 | 3 | 4 | 5 |
| 0 | 1,00000 | 6377 | 40066 | 1669 |
| 10 | 0,98481 | 6280 | 39457 | 1644 |
| 20 | 0,93969 | 5992 | 37647 | 1568 |
| 30 | 0,86603 | 5522 | 34694 | 1445 |
| 40 | 0,76604 | 4884 | 30686 | 1278 |
| 45 | 0,70711 | 4508 | 28323 | 1180 |
| 50 | 0,64279 | 4099 | 25754 | 1073 |
| 60 | 0,50000 | 3188 | 20030 | 834 |
| 70 | 0,34202 | 2180 | 13696 | 570 |
| 80 | 0,17356 | 1093 | 6867 | 286 |
| 90 | 0 | 0 | 0 | 0 |

Westen nach Osten geht, von einem festen Standpunkt der Erde aus gesehen, von Osten nach Westen. In gleicher Richtung wandert daher auch die Tag- und Nachtzone der Erde. Die Fortschrittsgeschwindigkeit, mit der sich diese Wanderung in km/St. vollzieht, ist gleich der Umdrehungsgeschwindigkeit der Erde auf den verschiedenen Breitengraden. Sie berechnet sich aus dem Halbmesser $R$ der Erde und dem Winkel $\varphi$, der gebildet wird von der Nord-Süd-Erdachse und dem Erdhalbmesser vom Erdmittelpunkt zu irgendeinem Punkt der Erde. Der Winkel $\varphi$ nimmt vom Äquator zum Pol von 0 auf 90 Grad zu. Dann berechnet sich die Umfangsgeschwindigkeit $v_u$ der Erde auf den verschiedenen Breitengraden von 0—90 Grad und damit die Fortschrittsgeschwindigkeit des Wechsels zwischen Tag und Nacht aus der Gleichung:

$$v_u = \frac{2\pi R\cos\varphi}{24} \text{ in km/St.}$$

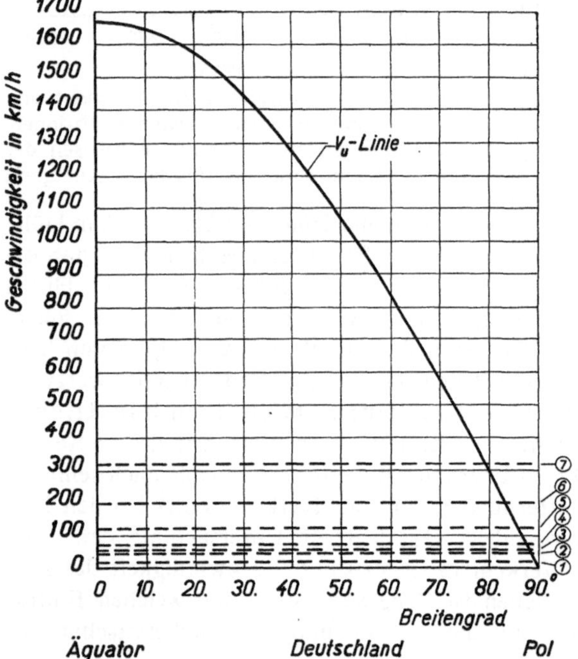


Abb. 10. Die Fortschrittsgeschwindigkeit des Wechsels zwischen Tag und Nacht in der Ost-West- und West-Ostrichtung im Vergleich zur Reisegeschwindigkeit der verschiedenen Verkehrsmittel

(1) Seedampfer . . . . . $v_r =$ 18 km/St.
(2) Schnelldampfer . . . . $v_r =$ 44 km/St.
(3) Kraftwagen . . . . . $v_r =$ 55 km/St.
(4) Schnellzug . . . . . . $v_r =$ 70 km/St.
(5) Schnelltriebwagen . . $v_r =$ 120 km/St.
(6) Normales Flugzeug . . $v_r =$ 200 km/St.
(7) Schnellflugzeug . . . . $v_r =$ 320 km/St.

In Abb. 10 und in Tabelle 4 ist für die verschiedenen Breitengrade die Fortschrittsgeschwindigkeit des Wechsels zwischen Tag und Nacht in der West-Ostrichtung aufgetragen, die naturgemäß auch der Ost-Westrichtung entspricht. Während am Pol die Fortschrittsgeschwindigkeit wegen des geringen Durchmessers des Breitenkreises sehr gering ist, ist sie am Äquator, dem Breitenkreis größten Durchmessers, am größten und beträgt hier genau 1669 km/St. In Abb. 10 ist auf Grund der Einzelwerte der Tabelle 4 die Schaukurve $v_u$ für die Fortschrittsgeschwindigkeit des Wechsels zwischen Tag und Nacht eingetragen. Zu dieser Schaukurve sind in der Abbildung weiterhin die zur Zeit größten Reisegeschwindigkeiten der verschiedenen Verkehrsmittel zu Lande und zu Wasser und in der Luft in km/St. eingezeichnet, so daß wir das Verhältnis zwischen der Fortschrittsgeschwindigkeit des Wechsels zwischen Tag und Nacht und der Reisegeschwindigkeit der Verkehrsmittel ablesen können.

Bewegt sich ein Verkehrsmittel in der Wanderungsrichtung der Grenze zwischen Tag und Nacht von Osten nach Westen, also dem Sonnenuntergang entgegen, so wäre es in der Lage, sich beim Abflug zu bestimmten Tageszeiten der Nacht überhaupt zu entziehen, wenn seine Reisegeschwindigkeit größer oder gleich der Fortschrittsgeschwindigkeit der Grenze zwischen Tag und Nacht ist. Das ist, wie Abb. 10 zeigt, für ein Schnellflugzeug, das in der Ost-Westrichtung fliegt, zwischen dem 79. Breitengrad und dem Pol der Fall, für das nächst langsamere Verkehrsmittel, den Triebwagen, zwischen dem 84. Grad und dem Pol, und für einen normalen D-Zug zwischen dem 86. Grad und dem Pol. Wäre in diesen Breitengraden nach den physikalischen Gegebenheiten ein Verkehr für diese Verkehrsmittel in der Ost Westrichtung möglich, so wäre für sie reiner Tagverkehr für das Umfahren der Erde auf den betreffenden Breitengraden durchführbar. Die physikalische Beschaffenheit der Erde in der Höhe dieser Breitengrade schließt diese Möglichkeit für die erdgebundenen Verkehrsmittel aus, dagegen nicht ohne weiteres für den Luftverkehr. Da jedoch auch für den Luftverkehr eine praktische Notwendigkeit zur Befriedigung von Verkehrsbedürfnissen in der Ost-Westrichtung nach Lage des wirtschaftlichen Lebens auf den erwähnten Breitengraden nicht vorhanden ist, so bleibt auch für den Luftverkehr die Möglichkeit, sich auf Grund seiner hohen Geschwindigkeit beim Umfliegen der Erde der Nacht zu entziehen, heute noch theoretisch. Dagegen könnte sie in Zukunft zu gewissen Jahreszeiten praktisch werden, wenn das Überfliegen der Polarzone auf Grund des technischen Fortschritts in der Luftfahrt ohne die heute noch bestehenden großen Schwierigkeiten und Unzulänglichkeiten möglich werden sollte.

Andererseits ist es aber bereits für den heutigen Luftverkehr und denjenigen der nächsten Zukunft wichtig, auf Grund des Verhältnisses zwischen der Fortschrittsgeschwindigkeit und der Grenze von Tag und Nacht und der Reisegeschwindigkeit im Luftverkehr zu untersuchen, welche zeitlichen Verschiebungen sich daraus für den Nachtluftverkehr ergeben. Wenn beispielsweise ein Flugzeug zur Zeit des Sonnenuntergangs von Westen nach Osten, also der Sonne entgegenfliegt, so legt es in der Zeit, in der es wieder auf den Tag trifft, also in der normalen Nachtzeit des betreffenden Breitengrades, einen bestimmten Weg zurück, um den es gleichsam dem anrückenden Tag entgegenfliegt. Für dieses Flugzeug wird dann die tatsächliche Nachtzeit oder die Zeit, in der es unter den Bedingungen des Nachtverkehrs oder bei Dunkelheit fliegen muß, kürzer sein, als die normale Nachtzeit, in der die Grenze zwischen Tag und Nacht um die Erde wandert. Umgekehrt wird für ein Flugzeug, das zur Zeit des Sonnenuntergangs von Osten nach Westen, also gleichsam der untergehenden Sonne nachfliegt, die tatsächliche Nachtzeit länger sein als die normale Nachtzeit, da es sich während seines Flugs in gleicher Richtung wie der hinter ihm anrückende Tag bewegt.

Es ist nun für einen sicheren Flugbetrieb auf großen Strecken von besonderer Bedeutung, zu wissen, wie groß diese Verkürzung oder Verlängerung der normalen Nachtzeit und damit die gesamte Nachtzeit ist, in der unter den Bedingungen des Nachtluftverkehrs geflogen werden muß. Sowohl die Verkürzung wie die Verlängerung wird am größten sein bei dem Flug in der West-Ost- bzw. Ost-Westrichtung, während sie in der Nord-Süd- oder Süd-Nordrichtung gleich 0 ist. Die Untersuchung soll daher für die Himmelsrichtung Ost-West und West-Ost durchgeführt werden. Von diesen beiden Richtungen aus leiten sich dann die Verkürzungen oder Verlängerungen in den übrigen Himmelsrichtungen ab, um in der Nord-Süd- oder Süd-Nordrichtung gleich 0 zu werden.

Bezeichnen wir

$v_u$ = Fortschrittsgeschwindigkeit der Grenze zwischen Tag und Nacht in km/St.,

$v_r$ = Reisegeschwindigkeit des Flugzeugs in km/St.,

so bewegt sich die Grenze zwischen Tag und Nacht mit einer Relativgeschwindigkeit von

$$v_{\mathrm{rel}\,1} = v_u + v_r \text{ bei West-Ostflug,}$$
$$v_{\mathrm{rel}\,2} = v_u - v_r \text{ bei Ost-Westflug.}$$

Dann ist die relative Nachtflugzeit

$$Z_{r_1} = \frac{v_r}{v_u + v_r} \cdot Z_n$$

bzw.

$$Z_{r_2} = \frac{v_r}{v_u - v_r} \cdot Z_n\,,$$

wenn $Z_n$ die normale Nachtzeit zwischen Sonnenaufgang und Sonnenuntergang über einem bestimmten Breitengrad bedeutet.

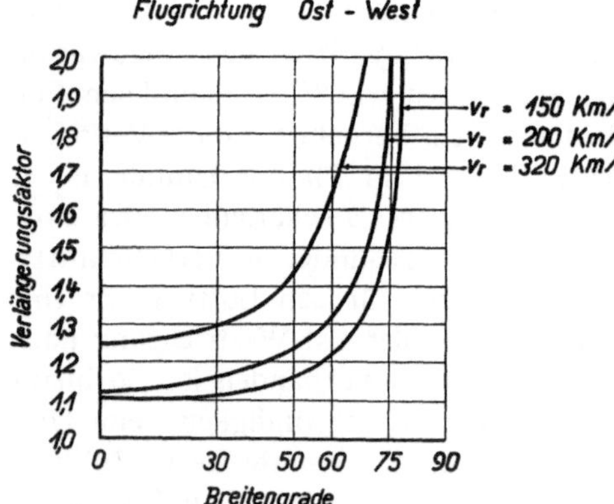


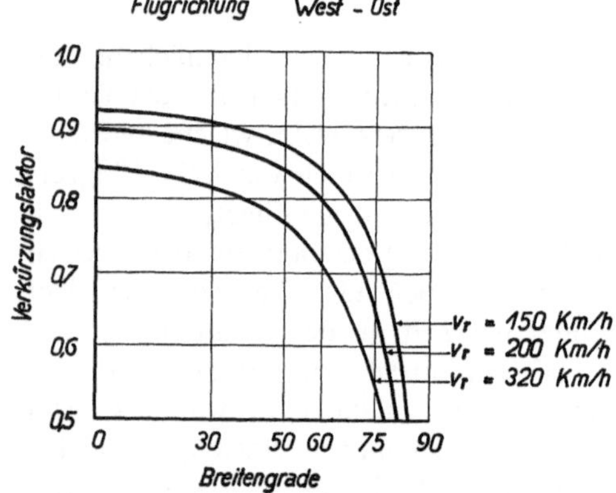


Abb. 11. Der Verlängerungs- und Verkürzungsfaktor zur Ermittlung der Nachtflugzeit in Abhängigkeit von der geographischen Breite für den Ost-West- bzw. West-Ostflug

Die tatsächliche Nachtzeit $Z$, während der das Flugzeug den Bedingungen des Nachtverkehrs unterworfen ist, beträgt dann

$$Z_1 = Z_n - Z_{r1} \text{ bei West-Ostrichtung,}$$
$$Z_2 = Z_n + Z_{r2} \text{ bei Ost-Westrichtung}$$

oder

$$Z_1 = Z_n \cdot \left(1 - \frac{v_r}{v_u + v_r}\right) \text{ bei West-Ostflug,}$$

$$Z_2 = Z_n \cdot \left(1 + \frac{v_r}{v_u - v_r}\right) \text{ bei Ost-Westflug.}$$

Wir müssen daher die normale Nachtzeit eines bestimmten Jahrestags und Breitengrads mit einem

$$\text{Verkürzungsfaktor} = 1 - \frac{v_r}{v_u + v_r}$$

oder

$$\text{Verlängerungsfaktor} = 1 + \frac{v_r}{v_u - v_r}$$

multiplizieren, um die tatsächliche Nachtflugzeit für ein Flugzeug, das in der West-Ost- bzw. Ost-Westrichtung fliegt, zu erhalten.

In Abb. 11 ist der Verkürzungsfaktor und der Verlängerungsfaktor zur Ermittlung der tatsächlichen Nachtflugzeit bei West-Ostflügen bzw. Ost-Westflügen für die charakteristischen Reisegeschwindigkeiten im Luftverkehr und für die wichtigsten Breitengrade veranschaulicht. Aus ihnen lassen sich unter Benutzung der in Tabelle 3 angegebenen normalen Nachtzeiten $Z_n$ für die verschiedenen Jahreszeiten und Breitengrade die tatsächlichen Nachtflugzeiten $Z_1$ und $Z_2$ für die West-Ost- bzw. Ost-Westrichtung in einfacher Weise ermitteln. Bei einem Flug in der gemäßigten Zone in der Höhe des 50. Breitengrades würde beispielsweise die Verkürzung der normalen größten Nachtzeit, die 14,3 Stunden nach Ausweis der

Tabelle 5. **Die längste und kürzeste Nachtflugzeit in der Ost-West- und West-Ostrichtung auf den verschiedenen Breitengraden**[1])

| Breitengrade | 0° | | 30° | | 50° | | 60° | | 75° | |
|---|---|---|---|---|---|---|---|---|---|---|
| Reisegeschwindigkeit | Längste Nachtflugzeit Stunden | Kürzeste Nachtflugzeit Stunden | Längste Nachtflugzeit Stunden | Kürzeste Nachtflugzeit Stunden | Längste Nachtflugzeit Stunden | Kürzeste Nachtflugzeit Stunden | Längste Nachtflugzeit Stunden | Kürzeste Nachtflugzeit Stunden | Längste Nachtflugzeit Stunden | Kürzeste Nachtflugzeit Stunden |
| 1 | 2 | 3 | 4 | 5 | 6 | 7 | 8 | 9 | 10 | 11 |
| | | | | | Flugrichtung Ost-West: | | | | | |
| 150 km/St. | 12,2 | 12,2 | 14,3 | 10,1 | 16,9 | 7,00 | 19,3 | 0 | Polarnacht | Mitternachtssonne |
| 200 km/St. | 12,6 | 12,6 | 14,9 | 10,5 | 17,8 | 7,4 | 21,1 | 0 | | |
| 320 km/St. | 13,7 | 13,7 | 16,5 | 11,6 | 20,7 | 8,6 | 26,0 | 0 | | |
| | | | | | Flugrichtung West-Ost: | | | | | |
| 150 km/St. | 10,2 | 10,2 | 11,6 | 8,2 | 12,8 | 5,3 | 13,6 | 0 | Polarnacht | Mitternachtssonne |
| 200 km/St. | 9,9 | 9,9 | 11,2 | 7,9 | 12,2 | 5,1 | 13,0 | 0 | | |
| 320 km/St. | 9,3 | 9,3 | 10,5 | 7,4 | 11,2 | 4,6 | 11,6 | 0 | | |

[1]) Zum Vergleich sei auf die in Tabelle 3 angegebene mittlere Nachtzeit im Jahresdurchschnitt auf den verschiedenen Breitengraden hingewiesen.

Tabelle 3 dauert, bei einer Reisegeschwindigkeit des Flugzeugs $v_r = 320$ km/St. 3,1 Stunden betragen, so daß die tatsächliche Nachtflugzeit im West-Ostflug nur $14{,}3 - 3{,}1 = 11{,}2$ Stunden dauert. Andererseits würde für die Ost-Westrichtung sich die normale größte Nachtzeit um 6,4 Stunden verlängern, so daß die tatsächliche Nachtflugzeit in der Ost-Westrichtung 20,7 Stunden beträgt.

Die Tabelle 5 enthält als Ergänzung zu Abb. 11 zahlenmäßig die für die verschiedenen Breitengrade und Reisegeschwindigkeiten im Luftverkehr sich ergebenden tatsächlichen Nachtflugzeiten in der West-Ost- und Ost-Westrichtung für die längste und kürzeste normale Nachtzeit des Jahres, die in Tabelle 3 enthalten sind.

Ganz allgemein erkennen wir aus Abb. 11 und der Tabelle 5, daß die Verkürzung oder Verlängerung der normalen Nachtzeit im Nachtluftverkehr um so größer wird, in je höheren Breitengraden geflogen wird und je größer die Fluggeschwindigkeit ist. In der verkehrsgünstigen gemäßigten Zone liegt der Verkürzungsfaktor bei 0,8, der Verlängerungsfaktor bei 1,3, so daß eine Spanne von 0,5 der normalen Nachtzeit zwischen der Nachtflugzeit in der West-Ostrichtung und in der Ost-Westrichtung zuungunsten der Ost-Westrichtung vorliegt. Die Spanne ist am kleinsten in der Äquatorzone, am größten in der Polarzone. Zwischen beiden liegt allerdings günstig nahe der Spanne der Äquatorzone die gemäßigte Zone.

Der Luftverkehrsbetrieb auf große Entfernungen wird einen besonderen Vorzug darin sehen, den Flugzeugen das Fliegen unter den Nachtflugbedingungen auf die kürzeste Zeit zu ermöglichen. Von diesem Gesichtspunkt aus ist der West-Ostflug auf lange Strecken dem Ost-Westflug weit überlegen, da er das Flugzeug der kürzesten Nachtflugzeit unterwirft, die überhaupt möglich ist. Wenn hierbei auch die große Schnelligkeit des Flugzeugs besonders günstig wirkt, so schlägt dieser Vorzug bei der Ost-Westrichtung fast in das Gegenteil um, da mit der größeren Geschwindigkeit sich die tatsächliche Nachtflugzeit in stärkerem Maße vergrößert als sie sich in der West-Ostrichtung verkürzt. Bei einem Langstreckenflug in der Nord-Süd- oder Süd-Nordrichtung ist die tatsächliche Nachtflugzeit zur Jahreszeit der Tag- und Nachtgleiche gleich der normalen Nachtzeit, da der Verkürzungs- oder Verlängerungsfaktor in dieser Richtung gleich 0 ist. Zu den Jahreszeiten des kürzesten und längsten Tages gelangt, wie die Abb. 1 und 2 zeigen, das Flugzeug in der Nord-Süd- oder Süd-Nordrichtung früher oder später in den Bereich der Nacht, doch ist die Verkürzung oder Verlängerung der normalen Nachtzeit und damit die tatsächliche Nachtflugzeit in keinem Fall so groß wie in der West-Ost- oder Ost-Westrichtung.

Aus dem Charakter der aufgestellten Gleichungen für den Verlängerungs- und Verkürzungsfaktor ist zu erkennen, daß für die erdgebundenen Verkehrsmittel mit ihren verhältnismäßig geringen Reisegeschwindigkeiten $v_r$ die Relativgeschwindigkeit der Grenze zwischen Tag und Nacht im Raum keine Bedeutung hat. Für sie ist die tatsächliche Nachtfahrzeit nicht erheblich verschieden von der normalen Nachtzeit des betreffenden Breitengrades. Das vereinfacht ganz allgemein den Nachtverkehrsbetrieb bei diesen Verkehrsmitteln und gibt ihm ganz bestimmte zeitliche Grenzen. Im Luftverkehrsbetrieb sind dagegen diese zeitlichen Grenzen vielfach, wie wir gesehen haben, für die verschiedenen Flugrichtungen am gleichen Jahrestag starken Schwankungen unterworfen. Sie beunruhigen zweifellos die Maßnahmen für den Nachtluftverkehr auf große Entfernungen. Um so mehr muß angestrebt werden, die Mittel des Nachtluftverkehrs möglichst unabhängig von diesen Schwankungen zu machen und dabei sich in erster Linie der Funksicherung zu bedienen, dagegen erst in zweiter Linie die Orientierung im Raum zur Nachtzeit auf Leuchtfeuer, die ohnehin bei unsichtigem Wetter ihre Bedeutung verlieren, aufzubauen. Die Zeitlosigkeit des Funks vermag dem im Luftraum sich bewegenden Luftfahrzeug bei seinem Wettlauf mit der Nacht zu jeder Zeit die zuverlässigste und stets gleichartige Hilfsstellung zur Überwindung der mit der Nacht verbundenen besonderen Schwierigkeiten zum sicheren Erreichen des Verkehrsziels zu geben. Um so mehr müssen besondere Anstrengungen gemacht werden, die heute noch für die Funksicherheit ungünstigen Wirkungen der Dämmerungszeit mit geeigneten Mitteln zu überwinden.

Die Bodenorganisation in Gestalt der Beleuchtung von Strecken und Landeplätzen übernimmt in der Nacht auf dem Festland die Orientierung in der Vertikalen und die Sicherheit des Übergangs von der Luft auf die Erde bei freiwilligen und unfreiwilligen Landungen. Auf der See muß die Eigenbeleuchtung des Flugzeugs und seine Eignung zum möglichst gefahrlosen Niedergehen auf das Wasser die Sicherung in der Vertikalen bei unfreiwilligen Landungen in der Nacht übernehmen. Im übrigen werden auch in Zukunft die Funksicherung und die Streckenbeleuchtung den in der Nachtzeit fliegenden Flugzeugen die größten Sicherheiten für das Gelingen des Fluges bringen müssen.

In unmittelbarem Zusammenhang mit der Untersuchung der Beziehungen zwischen der Fortschrittsgeschwindigkeit der Grenze von Tag und Nacht und den Fluggeschwindigkeiten steht die den Verkehrskunden besonders interessierende Frage, zu welcher Tageszeit, ob zur Tag- oder Nachtzeit, er sein fernes, unter Umständen auf einem anderen Erdteil liegendes Ziel erreichen wird. Aber auch für den Flugbetrieb hat diese Frage eine gewisse Bedeutung, da es für ihn nicht gleichgültig ist, ob bei Ankunft des Luftfahrzeugs im Zielhafen das Flugpersonal Tag- oder Nachtbereitschaft hat und das Flugzeug zur Zeit der Nachtruhe oder zur Zeit der Tagesarbeit ankommt.

Je nachdem, ob ein Flugreisender sich nach langem Flug zur Tagesarbeit sofort bereit oder weniger in der Lage fühlt, wird für ihn eine Ankunft am Morgen bzw. Abend wertvoll sein. Die Arbeitsbereitschaft der Stelle, mit der er am Ziel in Verbindung treten will, wird in der Regel nur zur Tageszeit vorhanden sein, zur Nachtzeit wird sie ruhen. Andererseits werden die Einrichtungen der großen Weltflughäfen eine von Tag und Nacht möglichst unabhängige Verkehrsbereitschaft haben müssen, damit bei Verspätungen im Luftverkehr auch jederzeit dem zur Nachtzeit ankommenden Flugzeug alle Sicherheiten für ein glattes Landen geboten werden können.

Für die Arbeitsbereitschaft des Menschen ist die Phasenverschiebung von Tag und Nacht oder der Unterschied in der Ortszeit auf den verschiedenen Kontinenten von ausschlaggebender Bedeutung. Sie spielt bereits im Fernsprechverkehr zwischen verschiedenen Erdteilen eine große Rolle, da der die Verbindung Suchende Rücksicht darauf nehmen muß, daß er möglichst zur Geschäftszeit sein Gespräch abwickeln kann. Da die Herstellung einer Transkontinental- oder Transozeanfernsprechverbindung vielfach kaum die Zeit von einer halben Stunde beansprucht, so wird ein Gespräch am sichersten zustande kommen, wenn zu einer Zeit die Verbindung gesucht wird, in der der Angerufene seine Arbeitszeit hat, also arbeitsbereit ist. So ist es nach dem Ausweis der Abb. 1—3, auf denen 15 Längengrade gleich einer Stunde sind, an dem Tage längster Nachtzeit zur Geschäftszeit um 12 Uhr deutscher Ortszeit in Japan bereits 21 Uhr Ortszeit, also Geschäftsruhe, in New York 8.30 Uhr Ortszeit, also eben Beginn der Geschäftszeit, und in San Franzisko 3.30 Uhr Ortszeit, also tiefste Nachtruhe. Am günstigsten liegen die Verhältnisse in der Nord-Süd- oder Süd-Nordrichtung oder für Orte auf gleicher geographischer Länge, da für sie die Ortszeit die gleiche ist.

Ähnliche Überlegungen werden anzustellen sein, wenn bei Benutzung des Luftverkehrs der am Ziel ankommende Reisende nach Überwindung großer Raumweiten mehr oder weniger großen Wert auf die Arbeitsbereitschaft der Menschen in seiner Ankunftszone legt. Die räumliche und zeitliche Verteilung von Tag und Nacht zu den verschiedenen Jahreszeiten und auf den verschiedenen Breitengraden gibt die Grundlage, bei bekannter Flugzeit die Frage nach der Arbeitsbereitschaft am Ankunftsort zu klären. Für die Beförderung von Post und Fracht im Luftverkehr wird die Kenntnis dieser Arbeitsbereitschaft in allen Fällen von Wert sein, in denen auf eine schnelle Übermittlung der Post und Fracht an den Empfänger besonderes Gewicht gelegt wird. Das wird im Luftverkehr im allgemeinen der Fall sein. Kommt die Post oder Fracht am Zielpunkt zur Geschäftszeit an, so wird dies von dem Absender besonders geschätzt werden und ihn zur Benutzung des Luftverkehrs eher veranlassen, als wenn sie nach der Geschäftszeit ankommt.

Die Bestimmung der Ankunftszeit und damit der Lage der Arbeitsbereitschaft am Zielpunkt ist in der Weise möglich, daß auf Grund der tatsächlichen Flugzeit und des aus den Abb. 1—3 zu entnehmenden geographischen Zeitunterschieds zwischen Abgangs- und Ankunftsort die Tagesstunde berechnet wird. In den Abb. 1—3 entsprechen 15 Grad geographischer Länge immer einer Zeitstunde. Für alle östlich des Abgangsorts liegenden Zielpunkte ist der geographische Zeitunterschied zur tatsächlichen Reise- oder Flugzeit zuzuzählen, bei allen westlich von ihm liegenden Zielorten von ihr abzuziehen. Fliegt beispielsweise ein Flugzeug um 0.00 Uhr in Berlin ab nach Tokio

(Osten) und ist nach 32 Stunden Flugzeit an Ort und Stelle, so ist, da der geographische Zeitunterschied nach Abb. 1—3 ungefähr 8 Stunden beträgt, das Flugzeug um

$$0.00 + 32 + 8 = 40.00 \text{ Uhr oder}$$
$$40 - 24 = 16.00 \text{ Uhr Ortszeit,}$$

also am Nachmittag des zweiten Tages in Tokio. Oder aber ein Flugzeug fliegt um 12.00 in London ab nach New York (Westen) und ist nach 20 Stunden Flugzeit an Ort und Stelle, so ist bei dem geographischen Zeitunterschied von 5 Stunden das Flugzeug um

$$12 + 20 - 5 = 27.00 \text{ Uhr oder}$$
$$27 - 24 = 3.00 \text{ Uhr Ortszeit,}$$

also in der Nacht in New York.

Fassen wir die Bedingungen und Wirkungen der astronomisch-physikalischen Gegebenheiten der Erde für die verkehrstechnische Seite des Nachtluftverkehrs zusammen, so erkennen wir, daß die räumliche und zeitliche Verteilung von Tag und Nacht im Erdraum für den Nachtluftverkehr von wesentlich größerer Bedeutung ist als für die erdgebundenen Verkehrsmittel. Die hohe Reisegeschwindigkeit im Luftverkehr unterwirft diesen auf großen Entfernungen erheblich stärkeren Schwankungen in der tatsächlichen Nachtflugzeit in den verschiedenen Himmelsrichtungen. Diese Schwankungen sind am stärksten in der Ost-West- und West-Ostrichtung, den Richtungen größter Verkehrsbedürfnisse im Weltluftverkehr. Für den Luftverkehrsbetrieb und für das Bedürfnis nach Benutzung des Verkehrs auf große Entfernungen ist diese Tatsache von wesentlichem Einfluß. Sie erschwert die Maßnahmen zur Sicherung des Luftverkehrs bei Nacht und die Überlegungen der Verkehrsinteressenten, die in möglichst kurzer Zeit große Raumweiten überwinden wollen, die Zeitersparnis möglichst wirkungsvoll für ihre Arbeit am Zielpunkt zu machen.

Bei dieser Sachlage ist es daher von besonderer Wichtigkeit, zu untersuchen, auf welche Raumweiten und unter welchen zeitlichen Bedingungen der Tag-Nachtluftverkehr einen tatsächlichen Gewinn gegenüber dem reinen Tagluftverkehr und gegenüber den erdgebundenen Verkehrsmitteln mit Nachtverkehr darstellt. Auf Grund dieser Untersuchung wird vom Standpunkt des Verkehrskunden und der Wirtschaftlichkeit des Luftverkehrs die Berechtigung des Nachtluftverkehrs in bestimmten Verkehrsbeziehungen und zu bestimmten Verkehrszeiten beurteilt werden können. Dieser Untersuchung wird zweckmäßig eine Klärung vorausgehen müssen, welchen zeitlichen Vorteil der Tag-Nachtluftverkehr allgemein gegenüber dem reinen Tagluftverkehr bringen kann, damit von diesem Vergleich aus die Bedeutung des Tag-Nachtluftverkehrs gegenüber dem Tag-Nachtverkehr der Erdverkehrsmittel besser geklärt und bewertet werden kann.

## V. Das Vorsprungsmaß im Tag-Nachtluftverkehr gegenüber dem reinen Tagluftverkehr

Der Zeitgewinn, den der Tag-Nachtluftverkehr gegenüber dem reinen Tagluftverkehr bringen kann, wird bestimmend für die Einrichtung des Tag-Nachtluftverkehrs sein. Je größer er ist, um so eher wird das Verkehrsunternehmen geneigt sein, seiner Einrichtung näherzutreten und um so nachdrücklicher wird der für schnelle Beförderung auf große Entfernungen interessierte Verkehrskreis ihn verlangen.

Zur Ermittlung und Beurteilung dieses Zeitgewinns empfiehlt es sich, für eine möglichst große heute und in Zukunft in Frage kommende Zahl von Reisegeschwindigkeiten im Luftverkehr das Verhältnis der mit diesen Reisegeschwindigkeiten im Tag-Nachtverkehr und Tagverkehr zurückgelegten Beförderungsweiten zu bestimmen. Dieses Verhältnis, berechnet aus der Beförderungsweite beim Tag-Nachtverkehr, geteilt durch die Beförderungsweite beim Tagverkehr, gibt das Vorsprungsmaß des Tag-Nachtluftverkehrs gegenüber dem Tagluftverkehr an. Um dieses Maß gelangt der Reisende oder das Verkehrsgut schneller ans Ziel als beim reinen Tagluftverkehr.

Nun würde aber die Kenntnis dieses Verhältnisses oder Vorsprungsmaßes praktisch sehr wenig bedeuten, wenn es nicht auf eine bestimmte Tagzeit bezogen wird. Vom Standpunkt des Verkehrskunden ist es wichtig zu wissen, ob ein Reisender oder ein Verkehrsgut, das morgens, mittags oder abends abgeht, schneller im Tag-Nachtverkehr als im Tagluftverkehr sein Ziel erreicht. Noch wichtiger ist diese Frage aber für das Verkehrsunternehmen, das nur dann Nachtverkehr vorsehen wird, wenn genügend Verkehrsbedürfnis vorhanden ist.

Als günstig gelegene Tageszeiten für den Reiseantritt oder die Aufgabe von Post und Fracht sind im allgemeinen 9.00, 14.00 und 19.00 Uhr anzusehen, wobei die Abendzeit für Post und Fracht am günstigsten liegt. Für den Zubringerdienst zum Flughafen sowie für die Abfertigung von Post und Fracht sind im Durchschnitt $1^1/_2$ Stunden erforderlich, so daß sich als Abflugzeiten sowohl für den reinen Tagluftverkehr wie für den Tag-Nachtluftverkehr 10.30, 15.30 und 20.30 Uhr ergeben. Bei diesen Abflugzeiten kann das Luftfahrzeug je nach der Länge der Tagzeit im reinen Tagverkehr eine bestimmte Strecke zurücklegen oder überhaupt nicht mehr bei Tag fliegen. Dies wird bestimmt nach der günstigsten und ungünstigsten Seite durch den längsten und kürzesten Tag im Jahr. Zwischen beiden Grenzfällen liegen die Möglichkeiten an den übrigen Jahrestagen. Da die Dauer des längsten und kürzesten Tages im Jahr, wie wir in einem früheren Abschnitt gesehen haben, mit der geographischen Breite wechselt, so wird die Untersuchung am zweckmäßigsten auf eine geographische Breite angewandt werden, auf der das größte Verkehrsbedürfnis liegt. Das ist für die nördliche Halbkugel und Europa der 50. Grad nördlicher Breite. Die Untersuchungsmethode ist für alle übrigen Breitengrade die gleiche, dagegen das Ergebnis der Untersuchung, entsprechend den Unterschieden in der längsten und kürzesten Tagzeit, verschieden. Für den 50. Breitengrad liegt nach Tabelle 2 zwischen Sonnenaufgang und Sonnenuntergang

der längste Tag von 3.50—20,12 Uhr,
der kürzeste Tag von 7.50—16.00 Uhr.

Es liegt im Interesse einer weitgehenden Klärung der Verhältnisse für die kontinentalen Beförderungsweiten Europas einerseits und für die transkontinentalen und transozeanen Beförderungsweiten im Weltluftverkehr andererseits, diese Untersuchung getrennt durchzuführen, damit beide Verkehrszonen für sich in bezug auf die Zweckmäßigkeit des Tag-Nachtluftverkehrs beurteilt werden können.

Unter Zugrundelegung der angegebenen räumlichen und zeitlichen Bedingungen ist die Untersuchung durchgeführt und das Ergebnis in den Abb. 12—14 für den kontinentalen Verkehrsbereich und in den Abb. 15—17 für den Bereich des Weltluftverkehrs veranschaulicht. In den waagrechten Koordinaten sind die Beförderungsweiten aufgetragen, in den senkrechten die Vorsprungsmaße des Tag-Nachtluftverkehrs gegenüber dem reinen Tagluftverkehr für die verschiedenen Reisegeschwindigkeiten im Luftverkehr von $v_r = 200$, 300, 400 und 500 km/St. Für die heutige Entwicklungslage sind naturgemäß nur die beiden ersten Reisegeschwindigkeiten von praktischer Bedeutung, die beiden anderen für die weitere Zukunft, sofern sie wesentliche Vorteile gegenüber den heutigen Reisegeschwindigkeiten bringen können. Dadurch wird die Untersuchung auch Aufschluß über die wichtige Frage der tatsächlichen Bedeutung der Erhöhung der Reisegeschwindigkeiten für den Nachtluftverkehr geben können.

Zur praktischen Auswertung der in den Abbildungen gegebenen Schaulinien sei zunächst auf ihre Einzelheiten eingegangen, und zwar bei den Abb. 12—14, die den kontinentalen Verkehrsbereich betreffen. Abb. 12 enthält die Vorsprungskurven für die Reiseantrittszeit oder Aufgabezeit für Post und Fracht am Abgangsort um 9.00 Uhr, so daß die Abflugszeit um 10.30 Uhr liegt. Bei dieser Zeitlage kann das Flugzeug bei Tag bis zum Antritt der Nacht eine bestimmte für den kürzesten und längsten Tag verschiedene Strecke zurücklegen. Bis dahin ist ein Vorsprung des Tag-Nachtluftverkehrs gegenüber dem Tagluftverkehr nicht vorhanden, das Vorsprungsmaß ist also gleich 1.

Für den kürzesten Tag, der von 7.50—16.00 Uhr reicht, würde nach Abb. 12 bei der Fluggeschwindigkeit von $v_f = 200$ km/St. der reine Tagflug 1100 km zurücklegen können. Über diese Beförderungsweite hinaus würde der Tagluftverkehr erst am nächsten Morgen, also um 7.50 fortgesetzt werden können, während der Tag-Nachtluftverkehr weiter geht und, wie die Abb. 12 senkrecht über der Beförderungsweite von 1100 km zeigt, bis zum nächsten Tagesanbruch ein Vorsprungsmaß von

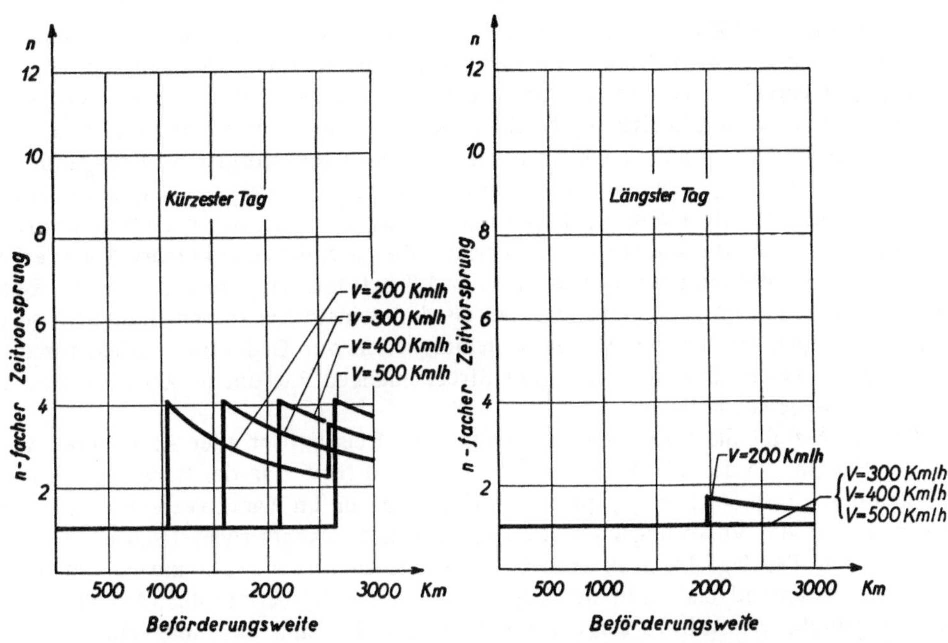


Abb. 12. Das Vorsprungsmaß des Tag-Nachtluftverkehrs gegenüber dem reinen Tagluftverkehr am längsten und kürzesten Tag im Kontinentalverkehr auf dem 50. Grad nördlicher Breite bei einer

Reiseantrittszeit oder Aufgabezeit für Post und Fracht . . . . . 9.00 Uhr,
Abflugzeit . . . . . . . . . . . . . . . . . . . . . . . . . 10.30 Uhr

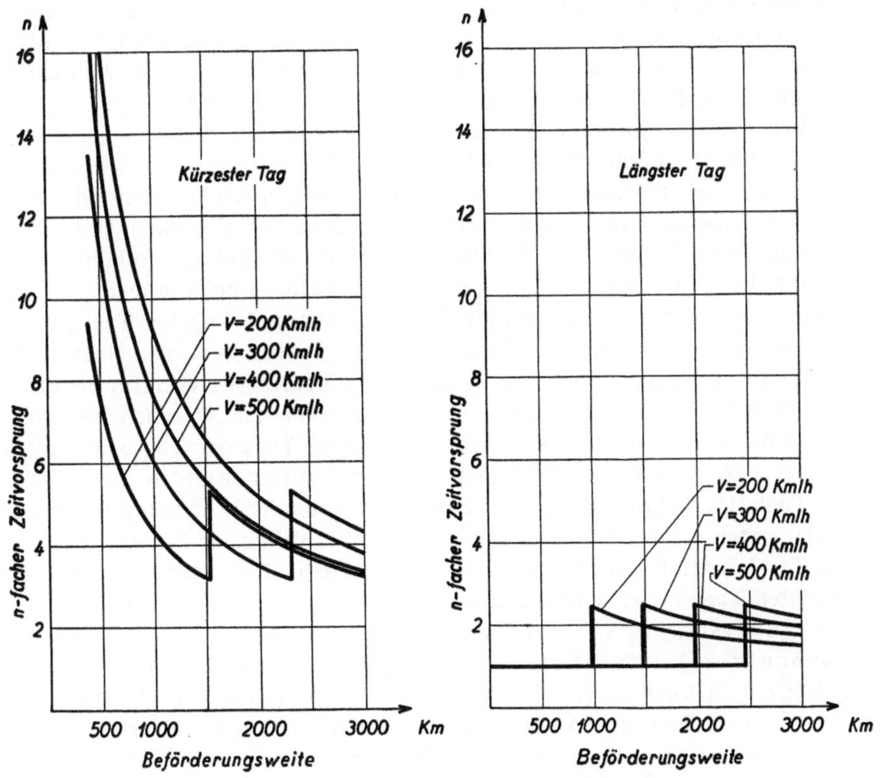


Abb. 13. Das Vorsprungsmaß des Tag-Nachtluftverkehrs gegenüber dem reinen Tagluftverkehr am längsten und kürzesten Tag im Kontinentalverkehr auf dem 50. Grad nördlicher Breite bei einer

Reiseantrittszeit . . . . . 14.00 Uhr, Abflugzeit . . . . . . . . 15.30 Uhr

4 Einheiten gewinnt. Der Tag-Nachtluftverkehr hätte demnach im ganzen bis zum nächsten Morgen eine 4mal längere Strecke zurückgelegt als der reine Tagluftverkehr. Von diesem Morgen ab kann wieder der Tagluftverkehr einsetzen, so daß, wie die Schaulinie zeigt, das Vorsprungsmaß des Tag-Nachtluftverkehrs bis zum Eintritt der Nacht sinkt, um dann wieder, diesmal aber in geringerem Ausmaß als in der ersten Nacht, zu steigen bis zum nächsten Morgen oder Taganbruch.

Für den längsten Tag, der von 3.50—20.12 Uhr reicht, erzielt der Tag-Nachtluftverkehr, da dem Tagluftverkehr wesentlich längere Flugzeit zur Verfügung steht, erst nach 2000 km Beförderungsweite ein Vorsprungsmaß, das aber mit Rücksicht auf die anschließende kürzere Nacht erheblich niedriger ist als zur Zeit des kürzesten Tages und nur 1,7 beträgt. Die übrigen höheren Reisegeschwindigkeiten ergeben kein größeres Vorsprungsmaß als die kleinste Reisegeschwindigkeit, so daß bei der Abflugzeit am Morgen die höheren Reisegeschwindigkeiten nur Bedeutung haben für die im reinen Tagluftverkehr am ersten Tag zurückgelegten Streckenlängen, die um je 600 km größer sind als bei der kleinsten Reisegeschwindigkeit.

Die Abb. 13 enthält die Vorsprungskurven für den Reiseantritt oder Aufgabezeit von Post und Fracht um 14.00 Uhr, so daß die Abflugzeit um 15.30 Uhr liegt. Da der kürzeste Tag um 16.00 Uhr endet, so kann an einem solchen Tag praktisch das Flugzeug im Tagluftverkehr keine Strecke mehr zurücklegen, so daß das Vorsprungsmaß des Tag-Nachtluftverkehrs theoretisch unendlich groß wird. Erst am nächsten Tag legt bis zum Abend das Flugzeug mit $v = 200$ km/St. im Tagluftverkehr 1500 km zurück, während bis dahin der Tag-Nachtluftverkehr bereits 4800 km erzielt hat, so daß sein Vorsprungsmaß, wie Abb. 13 zeigt, 3,1 beträgt und bis zum folgenden Morgen auf 5,2 steigt. Für den längsten Tag erzielt der Tag-Nachtluftverkehr für die gleiche Reisegeschwindigkeit erst nach 1000 km einen Vorsprung, da dem Tagluftverkehr noch eine längere Flugzeit bei Tag zur Verfügung steht. In der anschließenden Nacht steigt das Vorsprungsmaß des Tag-Nachtluftverkehrs auf 2,5, um dann bis zum folgenden Abend unter dem Nacheilen des Tagluftverkehrs abzunehmen. Die höheren Reisegeschwindigkeiten bringen am kürzesten Tag einen größeren Vorsprung gegenüber dem Tag-Nachtluftverkehr bis zu Entfernungen von 2000 km. Darüber hinaus steigt der Vorsprung nicht mehr. Nur am längsten Tag verschiebt und erhöht sich die Streckenlänge, bei der sich ein Vorsprungsmaß ergibt, das für alle Reisegeschwindigkeiten gleich groß ist und 2,5 beträgt.

Die Abb. 14 enthält die Vorsprungskurven für die Reiseantrittszeit oder die Aufgabezeit für Post und Fracht um 19.00 Uhr, so daß die Abflugzeit um 20.30 Uhr liegt. Hierbei erzielt der Tag-Nachtluftverkehr nicht allein am kürzesten Tag, sondern auch am längsten Tag bei jeder Beförderungsweite einen Vorsprung, da dann auch am längsten Tag abends dem Tagluftverkehr praktisch keine Flugzeit mehr zur Verfügung steht. Je höher die Reisegeschwindigkeiten sind, um so höher ist das Vorsprungsmaß, doch nimmt der Unterschied mit der Größe der Beförderungsweite ab.

Die Schaulinien des Vorsprungsmaßes für den kürzesten und längsten Tag geben den ungünstigsten und günstigsten Fall des reinen Tagluftverkehrs gegenüber dem Tag-Nachtluftverkehr wieder. Zwischen diesen beiden Grenzfällen liegt der Verlauf der Vorsprungskurven für die übrigen Jahrestage.

Werten wir die Schaulinien der Abb. 12—14 verkehrsmäßig aus, so sehen wir, daß in der gemäßigten Zone in Höhe des 50. Breitengrades zur Zeit der kurzen Tage der Tag-Nachtluftverkehr erst auf Entfernungen über 1000 km bei einer Abflugzeit in den Vormittagsstunden einen zeitlichen Vorsprung gegenüber dem Tagluftverkehr gewinnt. Zur Zeit der längsten Tage trifft dies aber auch noch für die Abflugzeit in den ersten Nachmittagsstunden zu. Für die Abflugzeit in den Abendstunden tritt der Vorsprung des Tag-Nachtluftverkehrs zu allen Jahreszeiten klar zutage mit der Maßgabe, daß zu Zeiten der kürzesten Tage dieser Vorsprung am größten ist und mit der Zunahme der Entfernungen abnimmt. In verkehrsmäßig schlecht von anderen Verkehrsmitteln erschlossenen Gebieten, in denen der Luftverkehr durch den Nachtverkehr der Erdverkehrsmittel keine Korrektur und keinen Wettbewerb erfährt, würde für alle kontinentalen Entfernungen in erster Linie die Abendpost und Abendfracht im Tag-Nachtluftverkehr einen wesentlichen Vorsprung gegenüber dem reinen Tagluftverkehr erzielen. Da das Verkehrsbedürfnis für Post und Fracht abends am stärksten ist, so würde für diese Gebiete der Tag-Nachtluftverkehr einen wesentlichen Vorzug gegenüber dem Tagverkehr bringen und seine besondere Berechtigung haben. Wir werden später untersuchen, daß sich in verkehrlich gut erschlossenen Gebieten, wie in Europa und den Vereinigten Staaten von Amerika, diese Verhältnisse mit Rücksicht auf den Wettbewerb der im Nachtverkehr arbeitenden leistungsfähigen Erdverkehrsmittel zuungunsten des Luftverkehrs ändern und verschieben.

In bezug auf den Luftverkehrsbetrieb und die Maßnahmen zur Sicherung des Nachtluftverkehrs ist es von Bedeutung, daß zu Zeiten langer Nächte der Tag-Nachtluftverkehr den größten Vorsprung vor dem Tagluftverkehr bringt, so daß der Luftverkehr zeitlich verhältnismäßig lange unter die Bedingungen des Nachtluftverkehrs gestellt wird. Bei den Weltluftverkehrslinien, deren Vorsprungsmaß zwischen Tag-Nachtluftverkehr und reinem Tagluftverkehr nachstehend untersucht wird, tritt dies noch deutlicher und stärker in Erscheinung. Die höheren Reisegeschwindigkeiten bringen nach der ersten Nacht im ganzen gesehen kein höheres Vorsprungsmaß als die niedrigeren

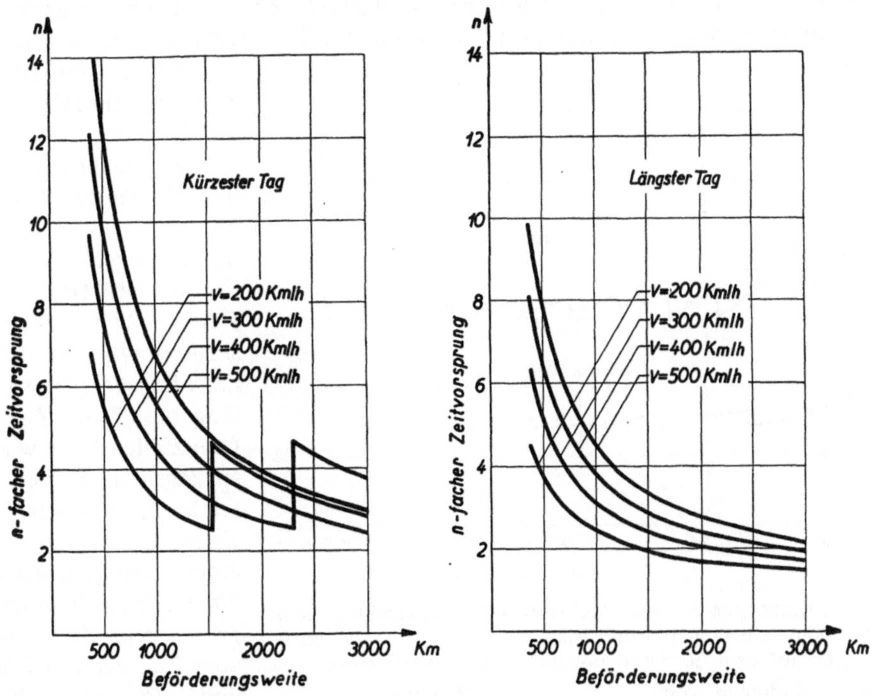


Abb. 14. Das Vorsprungsmaß des Tag-Nachtluftverkehrs gegenüber dem reinen Tagluftverkehr am längsten und kürzesten Tag im Kontinentalverkehr auf dem 50. Grad nördlicher Breite bei einer

Reiseantrittszeit . . . . . 19.00 Uhr
Abflugzeit . . . . . . . . 20.30 Uhr

Reisegeschwindigkeiten, sie verlagern aber das höchste Vorsprungsmaß in Beförderungszonen, in denen das Vorsprungsmaß bei niedrigeren Reisegeschwindigkeiten geringer ist, so daß praktisch größere Vorsprungsmaße sich bei höheren Reisegeschwindigkeiten ergeben.

Für die transkontinentalen und transozeanen Entfernungen oder für die Weltluftverkehrsstrecken sind in gleicher Weise wie für die kontinentalen Strecken die Schaulinien für das Vorsprungsmaß des Tag-Nachtluftverkehrs gegenüber dem reinen Tagluftverkehr in den Abb. 15—17 dargestellt. Auch hier beziehen sich die Kurven auf die gemäßigte Zone und den 50. Breitengrad. Im Gegensatz zu den Kurven für die kontinentalen Entfernungen ist jedoch von verschiedenen Tagstunden für den Reiseantritt oder die Aufgabezeit von Post und Fracht abgesehen, da dies bei den großen Raumweiten keine praktische Bedeutung haben würde. Es ist stets die verkehrsmäßig wichtigste Abflugzeit in den Abendstunden um 20.30 Uhr angenommen, so daß der Reiseantritt oder die Aufgabezeit für Post und Fracht um 19.00 Uhr liegen würde. Bei nur einmaligem Abflug im Laufe von 24 Stunden am Abgangsort konnten die Schaulinien für das Vorsprungsmaß im Gegensatz zu den Abb. 12—14 für die verschiedenen Reisegeschwindigkeiten im Luftverkehr einzeln aufgestellt werden. Diese Reisegeschwindigkeiten wurden gemäß dem heutigen Stand und zukünftiger Entwicklung zu 200, 300 und 400 km/St. gewählt. Das Ergebnis der Untersuchung ist in den Abb. 15—17 wieder für den längsten und kürzesten Tag dargestellt.

Die Entstehung der Vorsprungskurven und ihr Verlauf ist wohl auf Grund der zu den Abb. 12—14 gegebenen Erklärungen ohne weiteres verständlich. Bei dem Abflug um 20.30 Uhr steht für den Tagflug auch am längsten Tag praktisch keine Flugzeit mehr zur Verfügung. Es ist daher bei allen drei angegebenen Reisegeschwindigkeiten das Vorsprungsmaß des Tag-Nachtluftverkehrs in der ersten Nacht bis zum nächsten Morgen theoretisch unendlich groß, um dann unter dem Nacheilen des Tagluftverkehrs am Abend des nächsten Tages ein endliches Maß zu erreichen, das in den Abb. 15—17 durch den ersten Absatz oder die erste Stufe in den Vorsprungskurven gekennzeichnet ist. In der zweiten Nacht nimmt bis zum folgenden Morgen das Vorsprungsmaß des Tag-Nachtluftverkehrs entsprechend dem in der Nacht ruhenden reinen Tagluftverkehr um die eingezeichnete Stufenhöhe zu, um dann am folgenden Tag unter dem Nacheilen des Tagluftverkehrs wieder zu sinken.

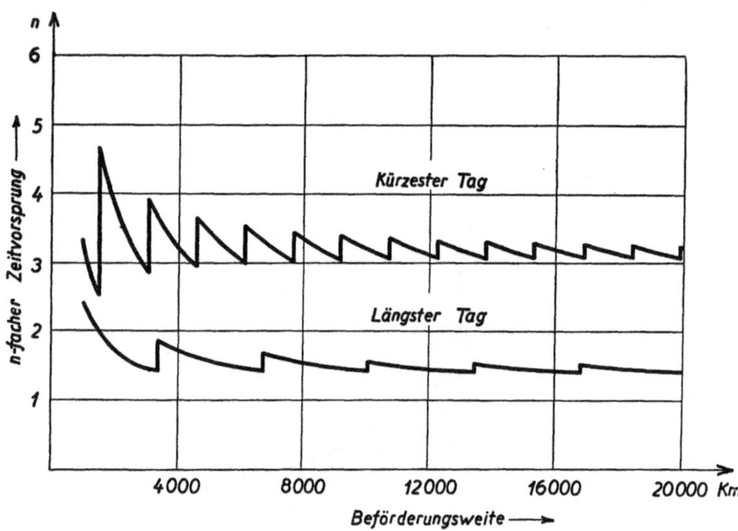


Abb. 15. Das Vorsprungsmaß des Tag-Nachtluftverkehrs gegenüber dem reinen Tagluftverkehr am längsten und kürzesten Tag im Transkontinentalverkehr auf dem 50. Grad nördlicher Breite bei einer
Reisegeschwindigkeit von . . . . . $v_r = 200$ km/St.
Abflugzeit . . . . . . . . . . . . . . . 20.30 Uhr

Es ist erklärlich, daß die Zahl und die Höhe dieser Stufen, die der Ruhe des Tagluftverkehrs in der Nacht entsprechen, mit der Kürze des Tages zunehmen und andererseits am längsten Tag ihr Geringstmaß erreichen. Aus den gleichen Gründen ist bei allen Reisegeschwindigkeiten das Vorsprungsmaß am kürzesten Tag ungefähr doppelt so groß als am längsten Tag. Zwischen beiden Grenzfällen liegt wieder das Vorsprungsmaß an den übrigen Jahrestagen. Verfolgen wir beispielsweise die Vorsprungskurve bei einer Reisegeschwindigkeit von 200 km/St., die in der Abb. 15 zugrunde gelegt ist, so kann am kürzesten Tag, der von 7.50—16.00 Uhr läuft, im reinen Tagluftverkehr eine Strecke von 1500 km zurückgelegt werden, während der am Abend vorher um 20.30 Uhr gestartete Tag-Nachtluftverkehr bereits bis dahin 3900 km zurücklegt, so daß sein Vorsprungsmaß 2,6 beträgt. Am längsten Tag muß, wie die Abbildung zeigt, das Vorsprungsmaß auf weniger als die Hälfte des Vorsprungsmaßes am kürzesten Tag sinken, da an diesem Tag im Tagluftverkehr von 3.50—20.12 Uhr, also mehr als doppelt so lange geflogen werden kann als am kürzesten Tag.

Bei höheren Reisegeschwindigkeiten im Luftverkehr wird in der zur Verfügung stehenden Tagzeit eine größere Strecke zurückgelegt, so daß, wie die Abb. 16 und 17 zeigen, die Stufen der Nachtruhe im Tagluftverkehr sich weiter auseinanderziehen. Da jedoch auch im Tag-Nachtluftverkehr die hohen Reisegeschwindigkeiten angewandt werden, so ist das Vorsprungsmaß für alle Reisegeschwindigkeiten am kürzesten und längsten Tag durchschnittlich gleich. Aber infolge Verschiebung der Stufen der Nachtruhe im Tagluftverkehr bei höheren Geschwindigkeiten nach rechts, sind für die gleiche Flugzeit im Tag-Nachtluftverkehr beispielsweise bis zu dem auf den Abflugabend folgenden Abend große Beförderungsweiten mit dem Vorsprungsmaß zu multiplizieren, wenn die tatsächlich im Tag-Nachtluftverkehr zurückgelegte Strecke ermittelt werden soll. Die höhere Reisegeschwindigkeit drückt sich also nicht im Vorsprungsmaß aus, sondern in der in gleicher Zeit zurückgelegten größeren Beförderungsweite. Praktisch bedeutet das, daß bei niedrigen Reisegeschwindigkeiten der Tag-Nachtluftverkehr, wenn er eine bestimmte Beförderungsweite zwischen zwei Erdteilen zu überwinden hat, wesentlich mehr nachts unter den Bedingungen des Nachtluftverkehrs arbeiten muß als bei höheren Reisegeschwindigkeiten, was einen wichtigen Vorzug der höheren Reisegeschwindigkeit in sich schließt.

In den Abb. 15—17 kommt dieser bedeutsame Grundsatz klar in der Struktur der Vorsprungslinien zum Ausdruck. Um eine im Weltluftverkehr häufig vorkommende Entfernung von 8000 km im Tagluftverkehr zu fliegen, würde bei einer Reisegeschwindigkeit von $v = 200$ km/St. zu Zeiten des kürzesten Tages mit Einschluß der Anflugnacht 6mal Nachtruhe eingelegt werden müssen, bei $v = 300$ km/St. 4mal und bei $v = 400$ km/St. nur 3mal. Im Tag-Nachtluftverkehr würde bei $v = 200$ km/St. das Flugzeug bereits 8000 km zurückgelegt haben, wenn es im Tagluftverkehr erst

$$\frac{8000}{\text{Vorsprungsmaß } 3{,}3} = 2420 \text{ km}$$

erreicht hat. Dann ergibt sich aus den Schaulinien der Abbildungen, daß im Tag-Nachtluftverkehr das Flugzeug mit Einschluß der Anflugnacht bereits nach 2 Nächten am Ziel ist, bei $v = 300$ km/St. nach $1^1/_2$ Nächten, bei $v = 400$ km/St. nach 1 Nacht. Für den längsten Tag würde für die gleiche Strecke der Tagluftverkehr bei $v = 200$ km/St. 3 Nächte, bei $v = 300$ km/St. 2 Nächte und bei $v = 400$ km/St. ebenfalls 2 Nächte einschließlich der Anflugnacht ruhen müssen. Im Tag-Nachtluftverkehr würde mit Einschluß der Anflugnacht das Flugzeug bei $v = 200$ km/St. nach 2, bei $v = 300$ km/St. nach $1^1/_2$ und bei $v = 400$ km/St. nach 1 Nacht am Ziel sein. Die hohen Reisegeschwindigkeiten vermindern im Tag-Nachtluftverkehr erheblich die Zeiten, in denen während eines weiten Fluges das Flugzeug unter den Bedingungen des Nachtverkehrs fliegen muß, während andererseits auch die Nachtruhen für den Tagluftverkehr weniger werden.

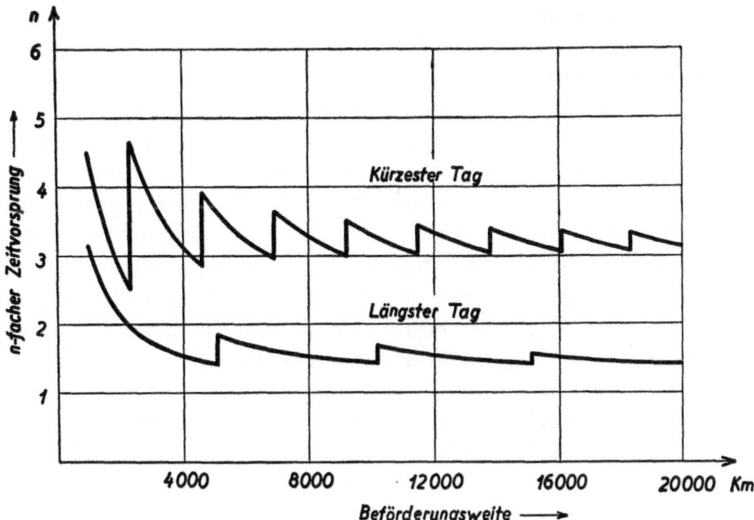


Abb. 16. Das Vorsprungsmaß des Tag-Nachtluftverkehrs gegenüber dem reinen Tagluftverkehr am längsten und kürzesten Tag im Transkontinentalverkehr auf dem 50. Grad nördlicher Breite bei einer
Reisegeschwindigkeit von . . . . . $v_r = 300$ km/St.
Abflugzeit . . . . . . . . . . . . . . 20.30 Uhr

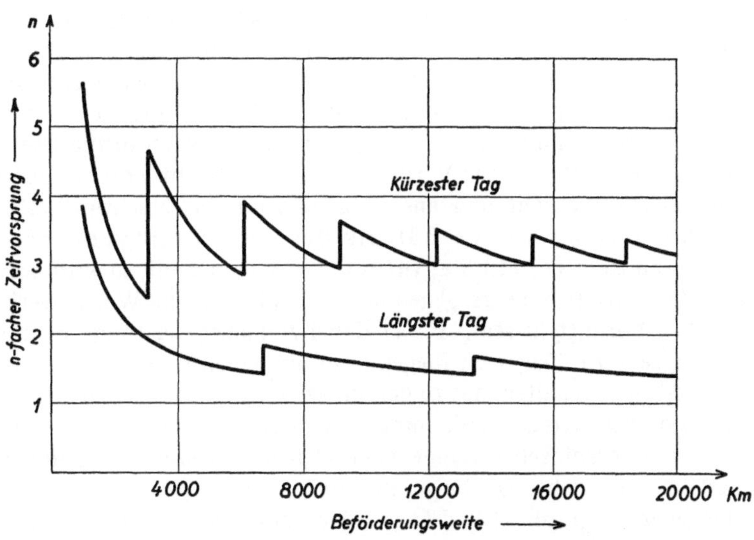


Abb. 17. Das Vorsprungsmaß des Tag-Nachtluftverkehrs gegenüber dem reinen Tagluftverkehr am längsten und kürzesten Tag im Transkontinentalverkehr auf dem 50. Grad nördlicher Breite bei einer
Reisegeschwindigkeit von . . . . . $v_r = 400$ km/St.
Abflugzeit . . . . . . . . . . . . . . 20.30 Uhr

Die verkehrsmäßige Auswertung der Vorsprungskurven des Tag-Nachtverkehrs auf transkontinentalen und transozeanen Strecken weist die große Überlegenheit des Tag-Nachtluftverkehrs zu Zeiten der kürzeren Jahrestage gegenüber dem reinen Tagluftverkehr nach. Zu Zeiten der längeren Jahrestage bietet der Tag-Nachtluftverkehr dagegen gegenüber dem reinen Tagluftverkehr ein verhältnismäßig geringes Vorsprungsmaß. Dieser Vergleich setzt naturgemäß voraus, daß die Überwindung der Raumweiten mit Rücksicht auf die Bodenorganisation in Tagesetappen möglich ist. Das wird über Kontinenten wohl stets der Fall sein, über Ozeanen dagegen nur sehr bedingt und vielfach unmöglich sein. Im letzteren Fall kommt nur Tag-Nachtluftverkehr in Frage, wenn nicht auf Stützpunkten im Ozean sich das Flugzeug zur Nacht aufhalten kann. Im Jahresdurchschnitt ist auf den Weltluftverkehrslinien das Vorsprungsmaß des Tag-Nachtluftverkehrs vor dem reinen Tagluftverkehr 2,4.

Betrieblich gesehen ergibt sich aus den Vorsprungskurven für den kürzesten und längsten Tag, daß, je länger der Tag-Nachtluftverkehr zur Zurücklegung einer bestimmten Weltluftverkehrsstrecke unter den Bedingungen des Nachtluftverkehrs fliegen muß, auch das Vorsprungsmaß gegenüber dem reinen Tagluftverkehr um so größer ist. Der größere Vorsprung muß also unter erschwerten betrieblichen Umständen erkauft werden, eine Erkenntnis, die nur im Zusammenhang mit dem Wert des Vorsprungsmaßes für den Verkehrskunden auf den verschiedenen Weltluftverkehrslinien zur Einrichtung von Tag-Nachtluftverkehr führen kann und daher für jede Weltluftverkehrslinie besonders auszuwerten ist.

## VI. Das Vorsprungsmaß des Tagluftverkehrs gegenüber den Erdverkehrsmitteln in Abhängigkeit von der Bewegungsrichtung und der Reisegeschwindigkeit

Die bisherigen Untersuchungen über das Vorsprungsmaß des Tag-Nachtluftverkehrs gegenüber dem reinen Tagluftverkehr ließen die Rücksichten des Luftverkehrs gegenüber dem Wettbewerb der im Nachtverkehr tätigen Land- und Seeverkehrsmittel im gleichen Verkehrsraum außer Betracht, da zunächst die zeitlichen Vorzüge der beiden Betriebsarten im Luftverkehr für sich geklärt und für die Einrichtung eines Nachtluftverkehrs ausgewertet werden mußten. In diesem Abschnitt soll das Verhältnis des Tag-Nachtverkehrs der Land- und Seeverkehrsmittel zum reinen Tagluftverkehr und anschließend zum Tag-Nachtluftverkehr untersucht werden.

Was zunächst das Verhältnis des Tag-Nachtverkehrs der Land- und Seeverkehrsmittel zu dem reinen Tagluftverkehr anbelangt, so wird auch hier zweckmäßig ein Vorsprungsmaß des Tagluftverkehrs gegenüber den übrigen im Wettbewerb mit ihm stehenden Erdverkehrsmitteln zu ermitteln sein. Es ist dabei zunächst die Frage zu stellen, mit welcher Geschwindigkeit ein Flugzeug zur Tageszeit fliegen muß, um einen $n$-fachen Vorsprung vor einem erdgebundenen Verkehrsmittel zu erhalten, das zu der im Reiseziel maßgebenden Ortszeit 24 Stunden nach seiner Abgangszeit an diesem Reiseziel ankommt. Die tatsächliche Reise- oder Flugzeit beträgt dann zwischen Orten gleicher geographischer Länge oder gleicher Ortszeit 24 Stunden. Das entspricht der Nord-Süd- oder Süd-Nordrichtung. Dagegen beträgt die tatsächliche Reise- oder Flugzeit zwischen Orten verschiedener geographischer Länge oder verschiedener Ortszeit in der Richtung nach Westen, oder der Sonne nacheilend, mehr und in der Richtung nach Osten, oder der Sonne entgegeneilend, weniger als 24 Stunden. Der Unterschied ist am stärksten in der Ost-West- bzw. West-Ostrichtung. Er beträgt auf dem 50. Breitengrad, auf dem die Erde eine Umdrehungsgeschwindigkeit von $v_u = 1073$ km/St. hat, nach dem in den früheren Abschnitten Gesagten $+ 1,5$ Stunden für den Ost-Westflug und $- 1,3$ Stunden für den West-Ostflug, so daß die tatsächliche Reisezeit $24 + 1,5 = 25,5$ Stunden bzw. $24 - 1,3 = 22,7$ Stunden ist.

Nehmen wir als Reisegeschwindigkeit für die Eisenbahn 75 km/St. an, so würde in der Zeit von 0.00 Uhr Ortszeit am Abgangsort bis 24.00 Uhr Ortszeit am Zielort eine Reisestrecke zurückgelegt in der

Ost-Westrichtung $= 25,5 \cdot 75 = 1912$ km,
Nord-Südrichtung / Süd-Nordrichtung $= 24 \cdot 75 = 1800$ km,
West-Ostrichtung $= 22,7 \cdot 75 = 1702$ km.

Die Wegestrecke einer Eisenbahn zwischen zwei Orten ist nun in der Regel 20 % größer als die **direkte Luftlinie** zwischen diesen Orten. Es hat daher das Flugzeug in den vorhin genannten Haupthimmelsrichtungen etwa 1600, 1500 und 1420 km zurückzulegen. Die Reisezeit, die dem Flugzeug zur Überwindung dieser Beförderungsweiten zur Verfügung stehen muß, um einen $n$-fachen Vorsprung gegenüber der Eisenbahn zu erhalten, beträgt dann in der

$$\text{Ost-Westrichtung} = \frac{24}{n} + 1{,}5,$$

$$\left.\begin{array}{l}\text{Nord-Südrichtung}\\ \text{Süd-Nordrichtung}\end{array}\right\} = \frac{24}{n},$$

$$\text{Ost-Westrichtung} = \frac{24}{n} - 1{,}3.$$

Es wird also das Flugzeug in der Ost-Westrichtung mit geringerer Geschwindigkeit fliegen können, da ihm mehr Zeit zur Verfügung steht als in der West-Ostrichtung, um in beiden Richtungen den gleichen Vorsprung vor der Eisenbahn zu erhalten.

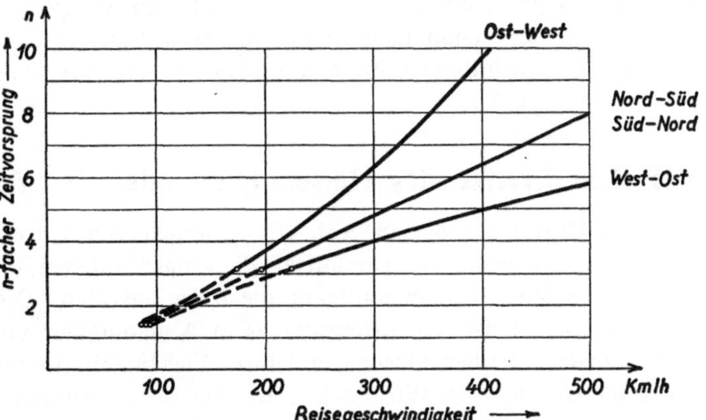


Abb. 18. Das Vorsprungsmaß des Tagluftverkehrs gegenüber den Landverkehrsmitteln in Abhängigkeit von der Bewegungsrichtung und der Reisegeschwindigkeit des Flugzeugs

In der Abb. 18 sind diese Zusammenhänge zwischen Vorsprungsmaß und Fluggeschwindigkeit im Vergleich zur Eisenbahn veranschaulicht. Als Entfernung wurde jeweils die Reichweite der Eisenbahn nach den drei Haupthimmelsrichtungen, wie oben erläutert, verschieden zugrunde gelegt. Für diese Entfernungen, die entsprechend der geraden Streckenführung im Luftverkehr um 20 % gekürzt sind, wurden die für die einzelnen Vorsprungsmaße notwendigen Reisegeschwindigkeiten im Luftverkehr berechnet. Da grundsätzlich nur Tagluftverkehr zugrunde zu legen war, wurde zur Ermittlung des größtmöglichen Vorsprungsmaßes davon ausgegangen, daß Eisenbahn und Flugzeug zu gleicher Zeit, nämlich bei Sonnenaufgang, ihre Reise antreten. Der kürzeste Tag wird dann das kleinste Vorsprungsmaß ergeben. Dieses liegt am oberen Ende der gestrichelten Linie ungefähr in Höhe des Zeitvorsprungs von $n = 3{,}2$. Erst von diesem Punkt nach aufwärts werden die Vorsprungsmaße praktisch und für jeden Tag gültig, links unter diesem Punkt sind sie nur für einen Teil des Jahres praktisch möglich.

Die verkehrs- und betriebsmäßige Auswertung der Schaulinien in Abb. 18 gibt ein sehr aufschlußreiches Bild über die **Abhängigkeit des Vorsprungsmaßes im Tagluftverkehr von der Himmelsrichtung**, in der die Reise zurückzulegen ist. Am günstigsten ist der Tagluftverkehr im Wettbewerb mit der Eisenbahn in der Ost-Westrichtung gelagert, am ungünstigsten in der West-Ostrichtung. Zwischen beiden liegt die gleichsam neutrale Nord-Süd- oder Süd-Nordrichtung. Während der Luftverkehr beispielsweise in der Ost-Westrichtung ein 5faches Vorsprungsmaß mit einer Reisegeschwindigkeit von 250 km/St. erreicht, bedarf er dazu für die West-Ostrichtung einer Reisegeschwindigkeit von 400 km/St. Für die normale Reisegeschwindigkeit der letzten Jahre im Luftverkehr von 200 km/St. ist der Unterschied in dem Vorsprungsmaß der Ost-West- und West-Ostrichtung noch klein und praktisch belanglos, dagegen erzielt im heutigen Schnellverkehr bei einer Reisegeschwindigkeit von 300 km/St. der Tagluftverkehr gegenüber der Eisenbahn in der Ost-Westrichtung einen Vorsprung von 6,2, in der West-Ostrichtung von nur 4,0 auf der der Untersuchung zugrunde gelegten Streckenlänge von 1600 km. Diese Länge liegt im Bereich der längsten kontinentalen

Strecken Europas. Für die 3—4mal längeren kontinentalen Strecken zwischen dem Osten und Westen in den Vereinigten Staaten von Amerika bleibt das Verhältnis der Schaulinien zueinander das gleiche, da sich alle 24 Stunden dasselbe Spiel wiederholt, wenn nur am Tag geflogen wird und die Eisenbahn 4 Tage braucht, um von der atlantischen zu der pazifischen Küste zu gelangen.

Je größer die Reisegeschwindigkeiten im Luftverkehr sind, um so größer wird das Vorsprungsmaß des Tagluftverkehrs in der Ost-Westrichtung gegenüber der West-Ostrichtung im Vergleich zum Eisenbahnverkehr. Beide Richtungen liegen sowohl in Europa wie in Amerika im Zuge der stärksten Verkehrsströme der gemäßigten Zone. Für den Luftverkehrsbetrieb würde dies bedeuten, daß mit der Einführung des Schnellverkehrs in der Luft in der Flugplangestaltung immer mehr Rücksicht genommen werden muß auf das Fortschrittsmaß der Grenze zwischen Tag und Nacht, wenn ein möglichst wirtschaftlicher Betrieb im reinen Tagluftverkehr erzielt werden soll.

Wird die gleiche Untersuchung für das Vorsprungsmaß des reinen Tagluftverkehrs gegenüber dem Überseeverkehr durchgeführt, so ergeben sich bei einer durchschnittlichen Reisegeschwindigkeit der heutigen Schnelldampfer im Überseeverkehr von 45 km/St. um ungefähr $^1/_3$ größere Vorsprungsmaße als sie in Abb. 18 im Vergleich zum Eisenbahnverkehr dargestellt sind. Der Verlauf der Schaulinien ist ähnlich denjenigen in der Abb. 18. Sie sind jedoch wegen der geringeren Geschwindigkeit im Überseeverkehr alle um ungefähr $^1/_3$ der Ordinaten nach oben verschoben zu denken.

## VII. Die Grenze des Reiseantritts oder der Auflieferungszeit des Verkehrsguts

Die Ergebnisse der in Abb. 18 niedergelegten Untersuchungen sind an die Voraussetzungen gebunden, daß beide Verkehrsmittel, die erdgebundenen Verkehrsmittel und das Luftverkehrsmittel, zu gleicher Zeit bei Sonnenaufgang die Reise antreten. Diese Annahme mußte gemacht werden, um die Änderungen des Vorsprungsmaßes in Abhängigkeit von der Himmelsrichtung, in der die Reise sich vollzieht, kennenzulernen und ihre Wichtigkeit für die Ausgestaltung des Luftverkehrsbetriebs zu unterstreichen. In Wirklichkeit werden die Abgangszeiten der Erdverkehrsmittel und des Luftverkehrs nur selten zusammenfallen, sondern mehr oder weniger verschieden sein.

Aus dieser verschiedenen Zeitlage ergibt sich die Frage, zu welcher Tageszeit der Reiseantritt oder die Auflieferung des Gutes erfolgen muß, um einmal im reinen Tagluftverkehr und das andere Mal im Tag-Nachtluftverkehr zur gleichen Zeit mit dem das gleiche Verkehrsfeld bedienenden Erdverkehrsmittel das Ziel zu erreichen. Das Vorsprungsmaß des Luftverkehrs wird damit gleichsam zum Nachsprungs- oder Nacheilungsmaß des Luftverkehrs, das angibt, um wieviel später eine Reise angetreten oder ein Gut aufgeliefert werden kann, um auf dem Luftwege zu gleicher Zeit wie das Erdverkehrsmittel am Ziel zu sein. Grundsätzlich muß diese Untersuchung auf die Beförderungsweiten und die Tageszeiten bezogen und für verschiedene Geschwindigkeiten im Luftverkehr durchgeführt werden.

Die kritische Entfernungszone für die Einrichtung des Tag-Nachtluftverkehrs im Wettbewerb mit leistungsfähigen, bodengebundenen Verkehrsmitteln wie Eisenbahnen, Kraftwagen und Seeschiffahrt, liegt im Bereich der Beförderungsweiten, auf denen der reine Tagluftverkehr gegenüber dem Tag-Nachtverkehr der Erdverkehrsmittel keinen zeitlichen Vorteil mehr für die Beförderung bieten kann. Erst von diesen Beförderungsweiten ab nach aufwärts wird durch Einrichtung des Tag-Nachtluftverkehrs der Luftverkehr gegenüber den Erdverkehrsmitteln wieder einen Vorsprung gewinnen können und der Tag-Nachtluftverkehr vom wirtschaftlichen Standpunkt in Frage kommen.

Es wird daher zunächst die Grenze zwischen dem Tagluftverkehr und dem Tag-Nachtverkehr der Erdverkehrsmittel zu ermitteln und anschließend der Vorsprung des Tag-Nachtluftverkehrs gegenüber dem Tag-Nachtverkehr der Erdverkehrsmittel zu untersuchen sein. Beide Untersuchungen werden sich aufbauen müssen auf den höchsten durchschnittlichen Reisegeschwindigkeiten im Landverkehr und im kombinierten Land- und Seeverkehr einerseits und auf den heutigen und zukünftigen Reisegeschwindigkeiten im Luftverkehr andererseits. Es ist dabei die Zeit zu ermitteln, bis zu der die Reise angetreten oder ein Gut aufgeliefert sein muß, um zu einer für beide Verkehrsmittel gleichen Ankunftszeit zum Ziele zu gelangen. Da bei der Ankunft die Ortszeit am Zielpunkt den Verkehrskunden interessiert, so werden hier wieder die im vorhergehenden Abschnitt gekennzeichneten Zusammenhänge zwischen der Reiserichtung und dem Vorsprungsmaß zu berücksichtigen sein. Die Ankunftszeit ist konstant angenommen und die Auflieferungszeit mit der Beförderungsweite und der Art des benutzten Verkehrsmittels wechselnd. Auf diese Weise läßt sich in einfachen Schaulinien die notwendige Abgangszeit am Versandort in Abhängigkeit von der Beförderungsweite und von der Wahl des einen oder anderen Verkehrsmittels ermitteln. Darüber hinaus ergibt sich für die Luftverkehrsunternehmungen die Grundlage für ihre Entscheidung, ob sich die Einrichtung des Tag-Nachtluftverkehrs gegenüber dem Tag-Nachtverkehr der Erdverkehrsmittel in den verschiedenen Verkehrsbeziehungen lohnt oder nicht.

Auf Grund der in Heft 8 bei der Untersuchung des Schnellverkehrs in der Luft durchgeführten Ermittlungen über die höchsten durchschnittlichen Reisegeschwindigkeiten der erdgebundenen Verkehrsmittel kann diese bei reinem Landtransport mit Eisenbahnen zu 75 km/St., bei kombiniertem Eisenbahn- und Seetransport zu 55 km/St. für Europa angenommen werden. In absehbarer Zeit werden auf zahlreichen Eisenbahnstrecken und auf Autobahnen Reisegeschwindigkeiten von 120 km/St. erzielt werden. Da die Landverkehrsmittel mit Rücksicht auf ihre dem Gelände angepaßte Linienführung einen um 20% längeren Weg zwischen zwei Punkten zurücklegen müssen als die Luftentfernung zwischen diesen Punkten beträgt, so muß für den Vergleich dieses Verlängerungsmaß entsprechend berücksichtigt werden, indem beispielsweise für 100 km Luftweg 120 km Eisenbahnweg zu setzen sind. Für den kombinierten Eisenbahn- und Seeverkehr ist dieses Verlängerungsmaß geringer, da der Seeweg in der Regel gleich dem Luftweg gesetzt werden kann und nur der Eisenbahnweg eine Verlängerung bedingt. Das Verlängerungsmaß für den kombinierten Eisenbahn- und Seeverkehr wurde für Europa zu durchschnittlich 10% ermittelt, so daß 100 km Luftweg = 110 km kombinierter Eisenbahn- und Seeweg sind. In den nachfolgend zu besprechenden Abbildungen entsprechen die Beförderungsweiten der Luftlinie. Für die Reisegeschwindigkeiten in der Luft wurden wie in den bisherigen Untersuchungen die Reisegeschwindigkeiten $v_f = 200$, 300, 400 und 500 km gewählt, um der Gegenwart und Zukunft gerecht zu werden.

Was nun die Wahl einer zweckmäßigen Ankunftszeit am Zielort anbelangt, so ist es zunächst im Personenverkehr für den Reisenden wichtig, zu einer Zeit anzukommen, die ihm eine möglichst gute Ausnutzung der Geschäftszeit und der Tageszeit gestattet. Ebenso ist für die Post und die Fracht die Ankunftszeit besonders günstig, die zu Beginn der eigentlichen Geschäftszeit liegt. Da die Post und die Fracht jedoch nach Ankunft am Bahnhof oder Flugplatz noch sortiert und den Empfängern zugestellt werden muß, so muß sie früher am Ziel sein als der Reisende, der zudem auch im allgemeinen einige Zeit nach Geschäfts- oder Bürobeginn sich an der Arbeitsstätte einfindet. Als wichtigste Ankunftszeit am Bahnhof oder Flughafen des Bestimmungsorts wurde daher für Post und hochwertige Fracht 6.00 Uhr, für Personen 8 00 Uhr gewählt, so daß ein ganzer Tag zur Arbeit bleibt. Als weitere Ankunftszeit, bei der noch $^1/_2$ Tag zur Arbeit am Zielort zur Verfügung steht, wurde 12.00 Uhr Mittag angenommen. Eine weitere Ankunftszeit etwa gegen Abend vorzusehen, lohnt sich nicht, da eine Erledigung von Geschäften oder eine Bearbeitung der ankommenden Post und Fracht nach Schluß der Geschäftszeit im allgemeinen nicht in Frage kommt.

Man kann ganz allgemein vom Standpunkt der Arbeitsbereitschaft und Arbeitsmöglichkeit die Vormittagsstunden als die beste Ankunftszeit am Zielpunkt und die Nachmittags- und Abendstunden als die beste Abgangszeit am Abgangsort bezeichnen. Dieser verkehrsgünstigsten Zeiteinteilung muß die Untersuchung dadurch Rechnung tragen, daß die günstigste Abgangszeit unmittelbar mit der besten Ankunftszeit in Beziehung gebracht werden kann.

Am Schluß der täglichen Geschäfts- und Arbeitszeit gegen 19.00 Uhr ist das Bedürfnis nach Transport von Personen, Nachrichten und Gütern besonders stark, um dann in der folgenden Zeit der Arbeitsruhe oder mangelnden Arbeitsbereitschaft auf ein Kleinstmaß herabzugehen. Erst am nächsten Morgen um 8.00 Uhr ist die Arbeitsbereitschaft mit Geschäftsbeginn wieder gegeben. Es ist vom Standpunkt des Verkehrsinteressenten völlig belanglos, in welcher Zeit von 19.00 Uhr abends bis 8.00 Uhr morgens das Verkehrsgut befördert wird, ob schnell oder langsam. Wichtig ist für ihn nur, daß es möglichst zu Geschäftsbeginn um 8.00 Uhr an seinem Bestimmungsort und bei dem Empfänger vorliegt. Es steht daher den Beförderungsmitteln eine beliebig auszunutzende Beförderungszeit von 19.00—8.00 Uhr zur Verfügung, innerhalb der im Wettbewerb stehende Verkehrsmittel sich gleichsam in einer neutralen Zeitzone befinden. Die vom langsamsten Verkehrsmittel in dieser Zeit zurückgelegte Beförderungsstrecke stellt die Grenze dar, von der aus ein zeitlicher und entfernungsmäßiger Vorsprung des schnelleren Verkehrsmittels gegenüber dem langsameren praktisch werden kann.

Um diese Grenze festzustellen, wird es notwendig, die Auflieferungszeit und Verteilungszeit für Post und Fracht am Abgangsort mit 1,5 Stunden und am Bestimmungsort mit 2 Stunden zu berücksichtigen, so daß für den eigentlichen Ferntransport von Post und Fracht die Zeit von der Abgangszeit um 20.30 bis zur Ankunftszeit um 6.00 Uhr zur Verfügung bleibt. Es ist dabei von dem Gedanken ausgegangen, daß die größte Menge des Luftverkehrs in den Großstädten selbst aufkommt, während der zu den Großstädten auf Eisenbahnen gehende Zubringerverkehr aus der weiteren Umgebung für den Luftverkehr von geringerer Bedeutung ist. Muß in besonders gelagerten Fällen auf diesen Zubringerdienst Rücksicht genommen werden, so müßte die Abgangszeit entsprechend später, also nach 20.30 Uhr gelegt werden. An der Methode der Untersuchung der Wettbewerbsgrenze ändert sich dabei nichts, nur verschieben sich für diese Sonderfälle die Entfernungen, auf denen der Nachtluftverkehr vor dem Tag-Nachtverkehr der Erdverkehrsmittel einen Vorsprung gewinnt.

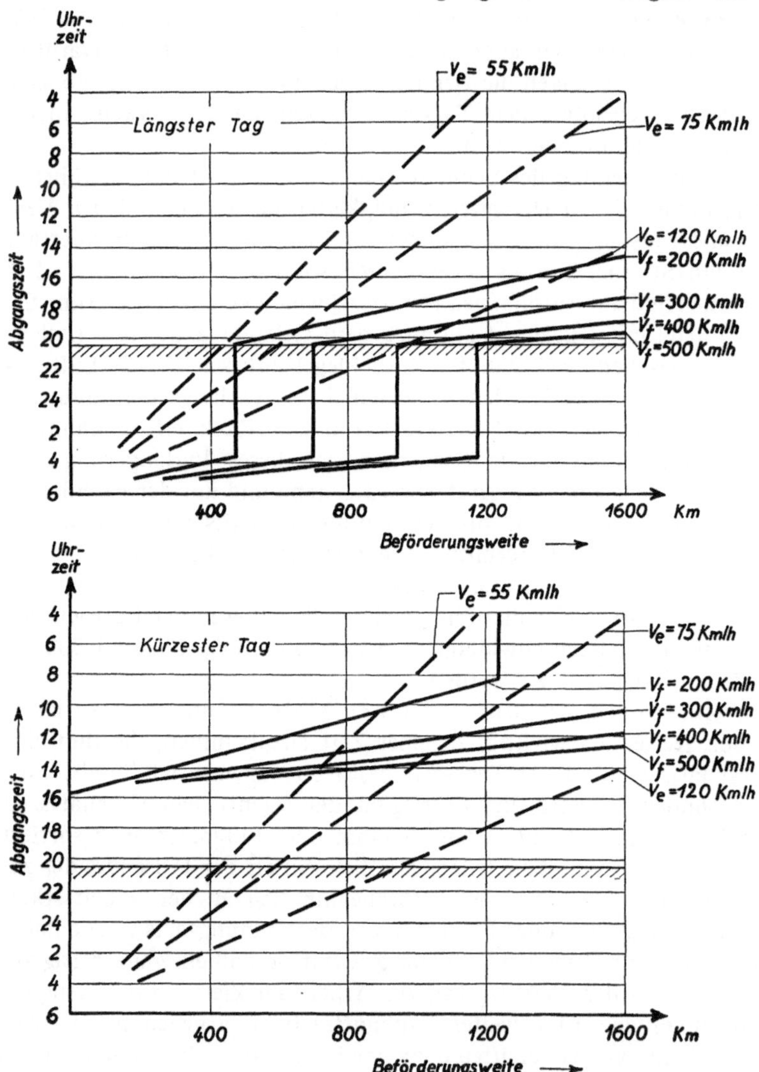


Abb. 19. Die Grenze zwischen dem Luftverkehr bei Tag und dem Tag-Nachtverkehr der Erdverkehrsmittel am längsten und kürzesten Tag bei Ankunftszeit am Bestimmungsort um 6.00 Uhr
$v_e$ = Reisegeschwindigkeit der Erdverkehrsmittel
$v_f$ = Reisegeschwindigkeit im Luftverkehr

Für die Beförderung von Personen kann die Ankunftszeit morgens später, und zwar um 8.00 Uhr liegen, so daß für sie eine Transportzeit von 20.30—8.00 Uhr gegeben ist. Selbstverständlich kann auch hierbei Post und Fracht befördert werden, doch gelangt sie erst mit dem zweiten Bestellgang in den letzten Vormittagsstunden in die Hände des Empfängers. Wenn in einem Koordinatensystem, auf dessen waagrechter Achse die Beförderungsweiten in der Luftlinie gemessen und auf dessen senkrechter Achse die Tagesstunden von der Ankunftszeit am Bestimmungsort beginnend nach oben aufgetragen sind, für die Reisegeschwindigkeiten der Erdverkehrsmittel und des Luftverkehrs die Zeitwegelinien eingezeichnet werden, so kann die von der Beförderungsweite und von den Reisegeschwindigkeiten abhängige Abgangszeit abgelesen werden. Das ist in den Abb. 19—22 geschehen, und zwar enthalten die Abb. 19—21 den Vergleich zwischen dem reinen Tagluftverkehr und den Erdverkehrsmitteln, die Abb. 22 den Vergleich zwischen dem Tag-Nachtluftverkehr und den Erdverkehrsmitteln, die in allen Fällen Tag-Nachtverkehr haben.

Aus den Abb. 19—21 ist die Grenze der Abgangszeit zwischen dem Luftverkehr bei Tag- und dem Tag-Nachtverkehr der Erdverkehrsmittel für die Nord-Süd- oder Süd-Nordrichtung, bei der die Ortszeit beim Abgangs- und Bestimmungsort bekanntlich gleich ist, zu ermitteln. In Abb. 19 ist die Ankunftszeit auf 6.00 Uhr, in Abb. 20 auf 8.00 Uhr und in Abb. 21 auf 12.00 Uhr festgelegt. In allen Fällen ist für den Tagluftverkehr als günstigster Fall der längste Tag, als ungünstigster Fall der kürzeste Tag zugrunde gelegt. Zwischen diesen beiden Grenzfällen liegen die übrigen Jahrestage. In allen Abbildungen ist ferner die Abgangszeit am Abend für Personen, Post und Fracht um 20.30 Uhr durch eine schraffierte Abgangszeitlinie gekennzeichnet. Liegen die Schnittpunkte der Zeitwegelinien des Tagluftverkehrs mit der Abgangszeitlinie um 20.30 Uhr rechts von den Schnittpunkten der Zeitwegelinien der erdgebundenen Verkehrsmittel mit der Abgangszeitlinie um 20.30 Uhr, so ist der Tagluftverkehr in der Lage, auf weitere Entfernungen als die Erdverkehrsmittel das abends anfallende Verkehrsgut zu den drei Ankunftszeiten an den Bestimmungsort zu bringen. Liegen sie links, so können die Erdverkehrsmittel auf weitere Entfernungen als der Tagluftverkehr das Abendgut bedienen.

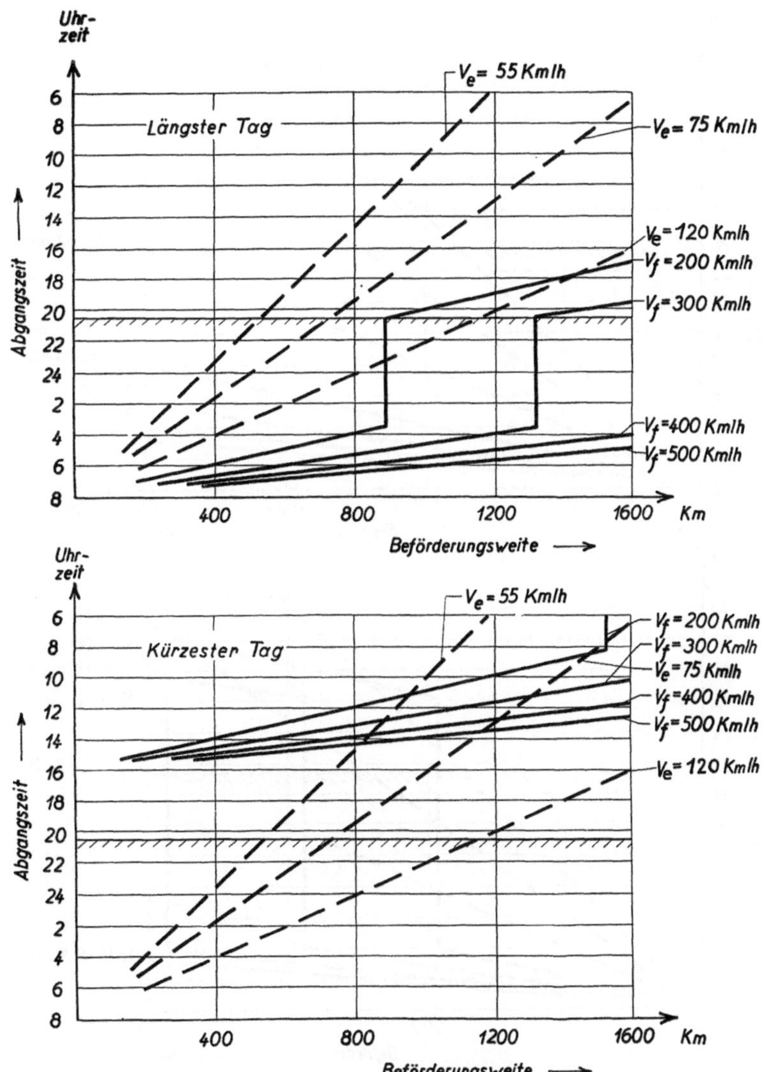


Abb. 20. Die Grenze zwischen dem Luftverkehr bei Tag und dem Tag-Nachtverkehr der Erdverkehrsmittel am längsten und kürzesten Tag bei Ankunftszeit am Bestimmungsort um 8.00 Uhr
$v_e$ = Reisegeschwindigkeit der Erdverkehrsmittel
$v_f$ = Reisegeschwindigkeit im Luftverkehr

Untersuchen wir dieses Verhältnis beispielsweise für die Abb. 19 mit der Ankunftszeit am Bestimmungsort um 6.00 Uhr, so schneiden die Zeitwegelinien der Eisenbahnen mit ihrer Reisegeschwindigkeit $v_e = 75$ km/St. und des kombinierten Eisenbahn- und Seeverkehrs mit der Reisegeschwindigkeit $v_e = 55$ km/St. die Abgangszeitlinie um 20.30 Uhr auf einer Beförderungsweite von 600 km bzw. 440 km sowohl am kürzesten wie am längsten Tag, da die Erdverkehrsmittel, wie der Praxis entsprechend angenommen wurde, Tag und Nachtverkehr haben, also unabhängig von der Länge des Tages oder der Nacht sind. Der Luftverkehr soll dagegen nur am Tag stattfinden. Für seine Beförderungsweite steht nur die Tageszeit und nicht die Nachtzeit zur Verfügung. Am kürzesten Tag bleibt dem Luftverkehr mit Berücksichtigung der Dämmerungszeit eine Beförderungszeit von 7.50—16.00 Uhr, am längsten Tag von 3.50—20.12 Uhr.

Am kürzesten Tag kann der Luftverkehr daher überhaupt nicht mehr das abends anfallende Verkehrsgut zum nächsten Morgen um 6.00 Uhr ans Ziel bringen, da seine Flugzeit nur bis 16.00 Uhr des vorhergehenden Tages geht, also weit vor der Abgangszeit der Abendpost um 20.30 Uhr zu Ende ist. Das zeigen deutlich die Zeitwegelinien, deren theoretische Schnittpunkte mit der Abgangszeitlinie um 20.30 Uhr weit links von den Zeitwegelinien der Erdverkehrsmittel liegen. Am kürzesten Tag ist für eine Ankunftszeit um 6.00 Uhr das Erdverkehrsmittel allein in der Lage, gegenüber dem reinen Tagluftverkehr die Abendpost rechtzeitig um 6.00 Uhr morgens ans Ziel zu bringen. Die Erdverkehrsmittel sind sogar bis zu Entfernungen von 1120 km bzw. 760 km gegenüber der Reisegeschwindigkeit im Luftverkehr von $v_f = 300$ km, wie die Schnittpunkte der Zeitwegelinien zeigen, in der Lage, um 6.00 Uhr das Verkehrsgut eher ans Ziel zu bringen als der Tagluftverkehr.

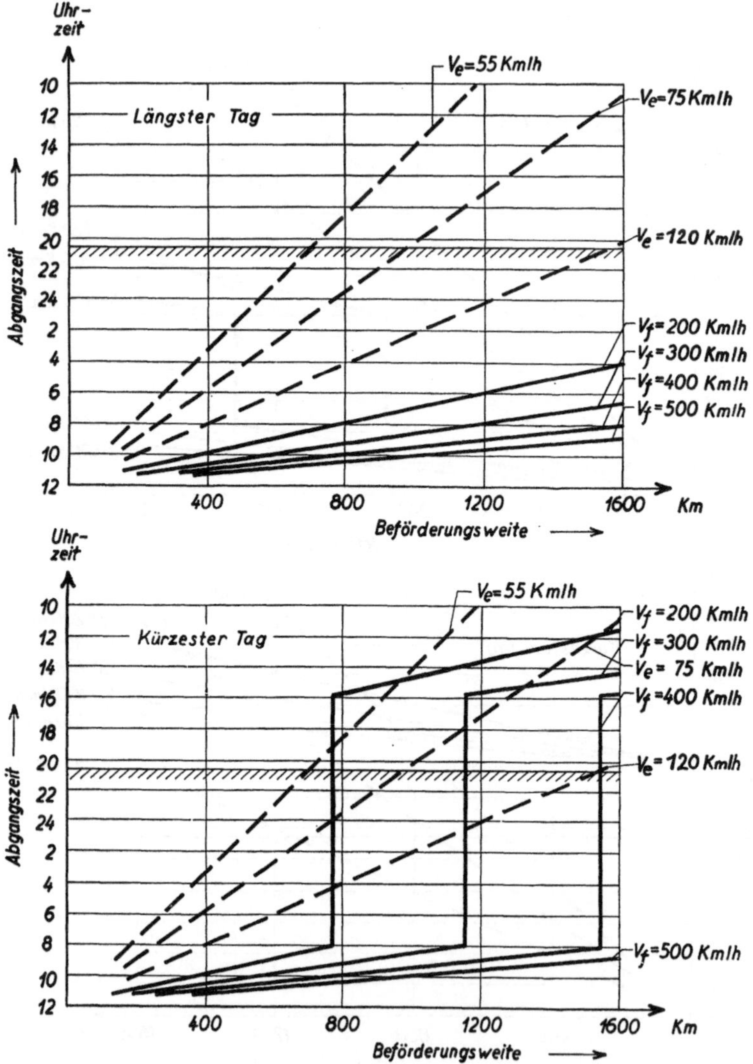


Abb. 21. Die Grenze zwischen dem Luftverkehr bei Tag und dem Tag-Nachtverkehr der Erdverkehrsmittel am längsten und kürzesten Tag bei Ankunftszeit am Bestimmungsort um 12.00 Uhr
$v_e$ = Reisegeschwindigkeit der Erdverkehrsmittel
$v_f$ = Reisegeschwindigkeit im Luftverkehr

Am längsten Tag ändert sich das Bild wesentlich zugunsten des Luftverkehrs. Hier liegt zwar der Schnittpunkt der Zeitwegelinien des Tagluftverkehrs bei $v_f = 200$ km/St. mit der Abgangszeitlinie um 20.30 Uhr noch links von dem Schnittpunkt der Zeitwegelinie der Eisenbahnen bei $v_e = 75$ km mit der Abgangszeitlinie, so daß bei dieser Fluggeschwindigkeit im Tagluftverkehr die Eisenbahnen auf eine größere Entfernung die Abendpost um 6.00 Uhr ans Ziel bringen können. Aber bereits bei der Reisegeschwindigkeit $v_f = 300$ km im Tagluftverkehr liegt der Schnittpunkt ungefähr bei einer Beförderungsweite von 700 km, so daß hier der Tagluftverkehr auf größere Beförderungsweiten als die Eisenbahnen die Abendpost um 6.00 Uhr morgens ans Ziel bringen kann. Der senkrechte Verlauf der Zeitwegelinie im Tagluftverkehr kennzeichnet die Verlustzeit, die der Tagluftverkehr in der Nachtzeit von 20.12—3.50 Uhr in Kauf nehmen muß, nach deren Ablauf er erst wieder von 3.50 Uhr ab am Tage das Ziel um 6.00 Uhr erreichen kann.

Werten wir die Abb. 19 allgemein verkehrsmäßig aus, so ergibt sich, daß der Tagluftverkehr nur zu Zeiten der längeren Tage mit einer Reisegeschwindigkeit von $v_f = 300$ km/St. zu gleicher Ankunftszeit um 6.00 Uhr das abends anfallende Verkehrsgut ans Ziel bringen kann wie die Erdverkehrsmittel, zu Zeiten der kürzeren Tage dagegen nicht. Will sich daher der Luftverkehr zu jeder Jahreszeit an dem Transport der Abendpost mit einer Ankunftszeit am Zielpunkt um 6.00 Uhr beteiligen, so muß er Tag-Nachtluftverkehr einrichten, aber auch dann wird er praktisch nur auf Entfernungen von mehr als 600 km gegenüber den Eisenbahnen und von mehr als 440 km gegenüber dem kombinierten Eisenbahn- und Seetransport die Abendpost besser bedienen können als die Erdverkehrsmittel. Die Einrichtung des Tag-Nachtluftverkehrs in der Nord-Süd- oder Süd-Nordrichtung, bei denen ein Unterschied in der Ortszeit am Abgangs- und Zielort nicht vorliegt, kommt also nur bei Entfernungen zwischen Abgangsort und Bestimmungsort in Frage, die größer sind als 600 km bzw. 440 km.

Die gleiche Schlußfolgerung ergibt sich aus der Lage der Zeitwegelinien zwischen dem Tag-Nachtverkehr der Erdverkehrsmittel und dem Tagluftverkehr in den Abb. 20 und 21 mit Ankunftszeiten am Bestimmungsort um 8.00 bzw. 12.00 Uhr. Zwar vermag nach Abb. 20 der Luftverkehr am längsten Tag bereits mit einer Reisegeschwindigkeit von 200 km/St. die Abendpost auf größere Entfernungen um 8.00 Uhr ans Ziel zu bringen als die Erdverkehrsmittel, aber an dem kürzesten Tag gelingt ihm das nicht mehr, so daß praktisch auch bei einer Ankunftszeit um 8.00 Uhr der Tag-Nachtluftverkehr notwendig ist, wenn der Luftverkehr zu jeder Jahreszeit seine größere Geschwindigkeit ausnutzen will. Da im Eisenbahnverkehr die Reisenden bei einer Ankunftszeit um 8.00 Uhr bis zu 720 km und im kombinierten Eisenbahn- und Seeverkehr bis zu 520 km Beförderungsweite ebenso schnell ans Ziel gelangen wie im reinen Tagluftverkehr, so würde erst über diese Beförderungsweite hinaus der Tag-Nachtluftverkehr für die Personenbeförderung in Frage kommen.

Erst bei einer Ankunftszeit um 12.00 Uhr vormittags vermag der Tagluftverkehr bei einer Reisegeschwindigkeit $v_f = 300$ km/St. auch am kürzesten Tag auf größere Entfernungen als die Erdverkehrsmittel die Abendpost um 12.00 Uhr ans Ziel zu bringen. Diese Ankunftszeit ist aber in ihrer verkehrswirtschaftlichen Bedeutung gegenüber den Ankunftszeiten 6.00—8.00 Uhr für die Arbeitsbereitschaft von sekundärer Bedeutung, da bei ihr nicht mehr der ganze Arbeitstag, sondern nur ein halber Tag zur Verfügung steht. An der Schlußfolgerung, daß für die wichtigsten Ankunftszeiten in den Morgenstunden der Tag-Nachtluftverkehr für Post und Fracht erst bei Entfernungen von mehr als 600 bzw. 440 km, für den Personenverkehr von mehr als 720 bzw. 520 km in Frage kommt, ändert das nichts.

Die Zeitwegelinien in den Abb. 19—21 sind auf den Nord-Süd- oder Süd-Nordverkehr bezogen. Wir haben aber im vorigen Abschnitt gesehen, daß in der verkehrsmäßig wichtigsten Beziehung Ost-West und West-Ost in der gemäßigten Zone der nördlichen Halbkugel der Unterschied in den Ortszeiten mit der Beförderungsweite zunehmend eine wichtige Rolle für das Vorsprungsmaß zwischen dem Tagluftverkehr und den Erdverkehrsmitteln spielt. Bei sinngemäßer Anwendung der dort gegebenen Untersuchung würden sich in den Abbildungen über die Beförderungsweite von 1600 km Luftlinie die Zeitwegelinien bei der Ost-Westrichtung um rund 1 Stunde nach unten und bei der West-Ostrichtung um rund 1 Stunde nach oben verschieben, weil in der Ost-Westrichtung bei der Ankunft am Zielpunkt zur Ortszeit sich die tatsächliche Beförderungszeit verlängert. Bei einer Beförderungsweite von 800 km würde der Unterschied noch rund $^1/_2$ Stunde betragen. Dieser Einfluß der Himmelsrichtung auf die Beförderungsweiten in der Ost-West- und West-Ostrichtung ist in den Abbildungen nicht mehr dargestellt, um die Klarheit nicht zu beeinflussen. Er ist jedoch in der Tabelle 6 berücksichtigt, die auf Grund der Abb. 19—21 aufgestellt ist und die Grenzen zwischen dem Tagluftverkehr und dem Tag-Nachtluftverkehr einerseits und dem Tag-Nachtverkehr der Erdverkehrsmittel andererseits für die verschiedenen Himmelsrichtungen enthält. Wir ersehen aus ihr, daß die Streckenlängen, auf denen der Tag-Nachtverkehr der Erdverkehrsmittel gegenüber dem Tagluftverkehr einen Vorsprung aufweist, in der Ost-Westrichtung bis zu 80 km höher liegen als in der West-Ostrichtung. Das ist zwar bei der in Europa am häufigsten vorkommenden Beförderungsweite von 800—1000 km kein ausschlaggebendes Maß. Der Unterschied vergrößert sich aber mit der Zunahme der Beförderungsweiten, so daß er für Streckenlängen, wie sie in den Vereinigten

Tabelle 6. **Die Grenze der Beförderungsweiten zwischen Tagluftverkehr oder Tag-Nachtluftverkehr und dem Tag-Nachtverkehr der Erdverkehrsmittel (Eisenbahnen und kombinierter Eisenbahn-Seeschiffahrtstransport) bei Reisegeschwindigkeiten:**

Im Eisenbahnverkehr . . . . . . . . . . . . . . . . . . . . $v_e$ = 75 km/St.
Im kombinierten Eisenbahn-Seeschiffahrtsverkehr . . . . . . . $v_e$ = 55 km/St.
Im Luftverkehr . . . . . . . . . . . . . . . . . . . . . . $v_f$ = 300 km/St.

| Verkehrsgut, Ankunftszeit (Ortszeit) am Bestimmungsort und Reiserichtung | Grenze der Beförderungsweiten zwischen dem Tag-Luftverkehr und Tag-Nachtverkehr der Erdverkehrsmittel | | | | Grenze der Beförderungsweiten zwischen dem Tag-Nachtluftverkehr und Tag-Nachtverkehr der Erdverkehrsmittel | |
|---|---|---|---|---|---|---|
| | Eisenbahnen | | Kombinierter Eisenbahn-Seeschiffahrtsverkehr | | Eisenbahnen | Kombinierter Eisenbahn-Seeschiffahrtsverkehr |
| | Kürzester Tag km | Längster Tag km | Kürzester Tag km | Längster Tag km | km | km |
| 1 | 2 | 3 | 4 | 5 | 6 | 7 |
| I. Post und Fracht mit Ankunftszeit 6.00: | | | | | | |
| 1. Nord-Süd- / Süd-Nord- Richtung | 1120 | 600 | 760 | 440 | 600 | 440 |
| 2. Ost-Westrichtung | 1120 | 630 | 760 | 460 | 630 | 460 |
| 3. West-Ostrichtung | 1120 | 570 | 760 | 420 | 570 | 420 |
| II. Personen, Post und Fracht mit Ankunftszeit 8.00: | | | | | | |
| 1. Nord-Süd- / Süd-Nord- Richtung | 1320 | 720 | 860 | 520 | 720 | 520 |
| 2. Ost-Westrichtung | 1340 | 750 | 880 | 540 | 750 | 540 |
| 3. West-Ostrichtung | 1300 | 680 | 840 | 500 | 680 | 500 |
| III. Personen, Post und Fracht mit Ankunftszeit 12.00: | | | | | | |
| 1. Nord-Süd- / Süd-Nord- Richtung | 980 | 960 | 700 | 700 | 960 | 700 |
| 2. Ost-Westrichtung | 1020 | 1000 | 740 | 740 | 1000 | 740 |
| 3. West-Ostrichtung | 940 | 920 | 660 | 660 | 920 | 660 |

Staaten von Amerika und im Weltluftverkehr vorliegen, für den Luftverkehrsbetrieb nicht vernachlässigt werden darf.

Wie sich nun die Grenzen der Abgangszeiten zwischen dem Tag-Nachtluftverkehr und den Erdverkehrsmitteln gestalten, ist in der Abb. 22 nach der gleichen Methode wie in den Abb. 19 bis 21 dargestellt, und zwar wieder für die Ankunftszeiten 6.00, 8.00 und 12.00 Uhr. Die Zeitwegelinien im Luftverkehr zeigen alle geraden Verlauf ohne den Nachtabsatz, da kein Unterschied zwischen Tag und Nacht und daher auch nicht mehr zwischen dem kürzesten und längsten Tag zu machen ist. Für die verkehrswichtigste Ankunftszeit um 6.00 Uhr bleibt, wie bei den Betrachtungen über den Tagluftverkehr, die Tatsache bestehen, daß erst bei Entfernungen von mehr als 600 km gegenüber den mit einer Reisegeschwindigkeit von 75 km/St. arbeitenden Eisenbahnen und von mehr als 440 km gegenüber dem kombinierten Eisenbahn- und Seeverkehr der Tag-Nachtluftverkehr die Bedienung der Abendpost besser erledigen kann als die Erdverkehrsmittel. Bei einer Ankunftszeit von 8.00 Uhr liegen die Grenzentfernungen wie beim Tagluftverkehr bei 720 km bzw. 520 km. Bei einer für die Zukunft zu erwartenden Reisegeschwindigkeit der Landverkehrsmittel von 120 km/St. erhöhen sich diese Entfernungen nicht unwesentlich zum Nachteil des Nachtluftverkehrs.

Die Abb. 22, in der die Abgangszeiten für den Luftverkehr unmittelbar nach der Ankunftszeit orientiert sind, zeigt andererseits klar, daß ein sehr großer Spielraum für die Abflugzeit im Tag-Nachtluftverkehr zwischen 20.30 und 6.00 Uhr oder 8.00 Uhr gegeben ist, und daß dieser Spielraum um so größer ist, je größer die Reisegeschwindigkeit im Luftverkehr ist und je näher die Beförderungsweiten an der Grenze von 600 bzw. 440 km oder 720 bzw. 520 km liegen. Das ist für den Luftverkehrsbetrieb von besonderer Bedeutung, da er die Flüge entweder in die späten Abendstunden oder in die frühen Morgenstunden legen kann je nach der im

Gesamtnetz gegebenen zweckmäßigen Organisation des Betriebes. Es spricht allerdings der Umstand, daß auch nach 20.30 Uhr bis gegen 23.00 Uhr noch gewisse Verkehrsbedürfnisse, die die Erdverkehrsmittel nicht mehr so schnell befriedigen können und die sich vielfach aus dem Zubringerdienst der Eisenbahnen aus der weiteren Umgebung zu großen Städten ergeben, aufkommen, dafür, die Abflüge nicht vor 23.00 Uhr zu legen. Für die Beförderung von Post und Fracht trifft dies zweifellos zu, für den Personenverkehr sind dagegen noch andere Überlegungen notwendig, auf die im nächsten Abschnitt eingegangen wird.

## VIII. Die Verkehrsbedürfnisse für den Nachtluftverkehr

Wir sind bisher davon ausgegangen, unter dem Nachtluftverkehr den Verkehr zu verstehen, für den im Gegensatz zum Tagluftverkehr besondere Maßnahmen zur Orientierung im Raum getroffen werden müssen, wenn mit Rücksicht auf die herrschende Dunkelheit die Betriebssicherheit im Luftverkehr gewahrt und die Abfertigungsvorgänge auf den Flughäfen durchgeführt werden sollen. Dieser verkehrstechnische Begriff des Nachtluftverkehrs, der für den Luftverkehrsbetrieb eindeutig und allein maßgebend ist, bedarf von dem Standpunkt des Verkehrsbedürfnisses nach zwei Richtungen einer weiteren Unterteilung. Vor Beginn der Geschäfts- und Arbeitszeit um 8.00 Uhr bedarf der Mensch einer Vorbereitungszeit zur Tagesarbeit von durchschnittlich 2 Stunden, und nach Schluß der Geschäfts- und Arbeitszeit um 18.30 Uhr benötigt er eine Abschlußzeit von ebenfalls durchschnittlich 2 Stunden, um nach der Tagesarbeit sich ganz der Erholung und anschließend der Nachtruhe hinzugeben.

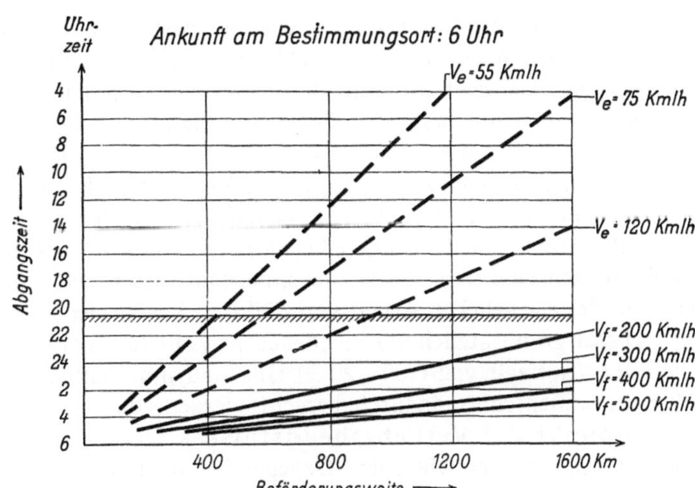


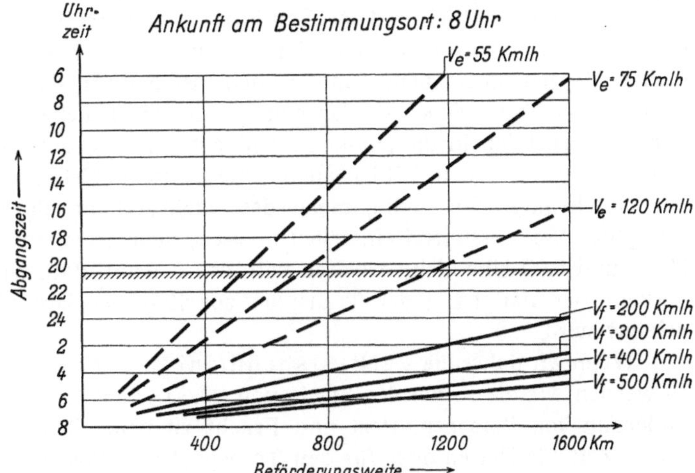


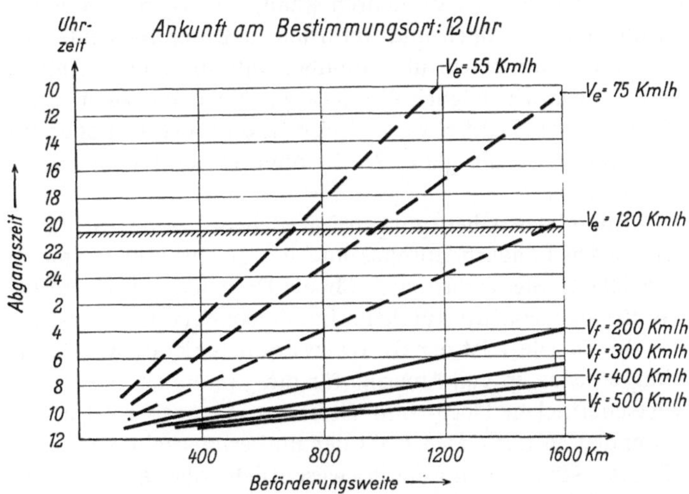


Abb. 22. Die Grenze zwischen dem Luftverkehr bei Tag und Nacht und dem Tag-Nachtverkehr der Erdverkehrsmittel in Abhängigkeit von der Beförderungsweite und der Ankunftszeit

$v_e$ = Reisegeschwindigkeit der Erdverkehrsmittel

$v_f$ = Reisegeschwindigkeit im Luftverkehr

Die Vorbereitungszeit sowohl wie die Abschlußzeit sind organisch verbunden mit der Tagesarbeit. Sie begrenzen daher in ausschlaggebendem Maß die Tagesarbeit im weiteren Sinn und scheiden sie von der Nachtzeit im Sinn der Erholungszeit. Diese Nachtzeit würde demnach in der Regel von 20.30—6.00 Uhr laufen. Jede Notwendigkeit, in dieser Zeit eine Ortsveränderung vorzunehmen, würde unmittelbar der Erholungszeit abträglich sein und als besondere Belastung und als Nachteil für die Arbeitsbereitschaft am folgenden Tag empfunden werden. Andererseits wird die Zeit zwischen 6.00 Uhr morgens und 20.30 Uhr abends als die Zeit angesehen werden, in der die Zeiteinteilung dem Interesse an einem erfolgreichen Ablauf der Tages- und Berufszeit in vollem Maße gerecht werden muß. Reisen oder Transporte, die innerhalb dieser Zeit stattfinden müssen, werden daher auch als ein Teil der eigentlichen Arbeit und nicht zu Lasten der notwendigen Erholungszeit bewertet werden.

Dieser grundsätzlich verschiedenen psychologischen Bewertung der Ortsveränderung innerhalb der Tageszeit von 6.00—20.30 Uhr und innerhalb der Nachtzeit von 20.30—6.00 Uhr muß die Verkehrswissenschaft dadurch gerecht werden, daß unter dem eigentlichen Nachtverkehr vom Standpunkt des Verkehrsbedürfnisses nur die Ortsveränderung in der Nachtzeit von 20.30 bis 6.00 Uhr zu verstehen ist. Dagegen ist nicht dazu zu rechnen der etwa zur Zeit der kürzeren Tage in die Dunkelheit hineinreichende Verkehr in den frühen Morgen- und Abendstunden, die zur Tagesarbeitszeit zeitlich und sachlich in unmittelbarer Beziehung stehen und daher noch zur eigentlichen Tageszeit von 6.00—20.30 Uhr gehören. Zur Zeit der längeren Tage liegen zwar auch diese frühen Morgen- und Abendstunden noch fast ganz in dem Bereich der Taghelligkeit. Zur Zeit der mittellangen Tage reichen sie dagegen bereits, wie Tabelle 2 ausweist, vor allem in den frühen Abendstunden, erheblich in die Dunkelheit hinein. Alle Reisen und Transporte, die in die Tageszeit von 6.00—20.30 Uhr fallen, zählen auch dann verkehrswirtschaftlich nicht zum Nachtverkehr, wenn sie betrieblich unter den Bedingungen des Nachtverkehrs durchgeführt werden müssen. Auf sie wird sich jedes Verkehrsmittel einstellen müssen, auch wenn es grundsätzlich im Nachtverkehr zwischen 20.30 und 6.00 Uhr nicht arbeiten will, es sei denn, daß, wie es durchweg im Binnenwasserstraßenverkehr der Fall ist, jeder Transport zur Zeit der Dunkelheit aus Zweckmäßigkeitsgründen abgelehnt wird.

Wenn wir daher die Verkehrsbedürfnisse für den Nachtverkehr näher untersuchen wollen, so werden wir die in der Nachtzeit von 20.30—6.00 Uhr aufkommenden Bedürfnisse nach Ortsveränderung von Personen, Post und Fracht zu beurteilen haben. Hält der Mensch die Ausnutzung dieser Zeit für Reisen oder für den Transport von Post und Fracht für so wichtig, daß er verkehrsmäßig nicht auf sie verzichten kann, so liegen echte Bedürfnisse für den Nachtverkehr vor. Es ist dabei verständlich und natürlich, daß der Reisende für seine Person so wenig wie möglich seine Erholungs- und Nachtruhe einbüßen will und höhere Aufwendungen in Kauf nimmt, um so angenehm und bequem wie möglich die Reise zur Nachtzeit zu erledigen. Er wird sehr empfindlich dagegen sein, mitten in der Nacht etwa die Reise zu unterbrechen oder am Zielort anzukommen, und daher bestrebt sein, möglichst die ganze Nacht ohne Unterbrechung zu fahren und erst in den Morgenstunden am Zielort zu sein.

Aus diesen Überlegungen hat sich bisher der Schlafwagenverkehr der Eisenbahnen in den verschiedenen Ländern Europas und der Nachtverkehr von Erdteil zu Erdteil in der Überseeschiffahrt entwickelt. Sie werden auch für die Reisenden im Nachtluftverkehr maßgebend sein und das Bedürfnis für den Nachtluftverkehr im Personenverkehr bestimmen.

In Tabelle 7 ist der Schlafwagenverkehr auf den Eisenbahnen in Deutschland und den Vereinigten Staaten von Amerika für die Jahre 1929 und 1933, den beiden charakteristischen Jahren für wirtschaftlichen Hoch- und Tiefstand, angegeben. Ganz allgemein ist der Anteil der Schlafwagenreisenden an der Gesamtzahl der im Fernverkehr auf Eisenbahnen beförderten Personen in den Vereinigten Staaten von Amerika wesentlich höher als in Deutschland und damit wohl auch als in Europa. Wenn dies zum Teil auch darauf zurückzuführen ist, daß das wesentlich dichtere Eisenbahnnetz Deutschlands einen stärkeren Einschlag des auf verhältnismäßig kurzen Entfernungen liegenden Überlandverkehrs in den Fernverkehr hineinträgt, während in dem weitmaschigen Eisenbahnnetz der Vereinigten Staaten von Amerika ein ausgesprochener Fernverkehr vorliegt, so ist doch das starke Bedürfnis für Reisen zur Nachtzeit in den Vereinigten Staaten von Amerika in erster Linie

Tabelle 7. **Der Schlafwagenverkehr auf den Eisenbahnen in Deutschland und den Vereinigten Staaten von Amerika in den Jahren:** 1929 (Hochstand der Wirtschaft); 1933 (Tiefstand der Wirtschaft)

| Verkehrsgebiet und Schlafwagengesellschaft | Bevölkerung Einwohner 1000 | Schlafwagenreisende jährlich 1000 | Schlafwagenreisende durchschnittlich täglich | Eine Schlafwagenreise auf Einwohner Sp. 2 : 3 | Beförderte Personen im gesamt. Personenfern-verkehr der Eisenbahnen 1000 | Anteil der Schlafwagenreisen am gesamt. Personenfernverk. Sp. 3 : 6 % | Einnahme je Schlafwagenreisender RM | Mittlere Beförderungsweite im Schlafwagenverkehr km |
|---|---|---|---|---|---|---|---|---|
| 1 | 2 | 3 | 4 | 5 | 6 | 7 | 8 | 9 |
| 1. Deutschland (Mitropa)[1] | | | | | | | | |
| 1929 | 64747 | 896 | 2460 | 72 | 1458260 | 0,061 | 13,6 | 550—600 |
| 1933 | 66005 | 523 | 1440 | 127 | 830000 | 0,065 | 12,75 | |
| 2. Vereinigte Staaten von Amerika (Pullman Sleeping Car): | | | | | | | | |
| 1929 | 122000 | 21020 | 57500 | 5,8 | 786000 | 2,7 | 15,5 | 600—650 |
| 1933 | 126000 | 9010 | 24600 | 14 | 480000 | 1,88 | 12,70 | |

Quellen: Geschäftsberichte der Deutschen Reichsbahn-Gesellschaft Berlin. — Geschäftsberichte der Pullman Sleeping Car Co. Chicago.

in den wesentlich größeren Raumweiten des Landes begründet. Während in Deutschland die wichtigsten Entfernungen im hochwertigen Personenfernverkehr in höchstens $^{1}/_{2}$—$^{2}/_{3}$ Tagen und in Europa in 1—1,4 Tagen zurückgelegt werden können, betragen die Reisezeiten auf den großen amerikanischen Pazifikstrecken 4—5 Tage, so daß hier die Notwendigkeit zur Benutzung von Schlafwagen allgemeiner gegeben ist als in Deutschland und in Europa.

In beiden Gebieten ist, wie die Tabelle 7 zeigt, die Frequenz des Schlafwagenverkehrs dem Wechsel des wirtschaftlichen Lebens von der Hochkonjunktur zur Krise in vollem Maße gefolgt, wobei in den Vereinigten Staaten von Amerika der Abfall verhältnismäßig stärker ist als in Deutschland. Es mag hier die zunehmende Ausbreitung des Fernverkehrs mit Schlafwagenomnibussen in den Vereinigten Staaten von Amerika in den Jahren nach 1930 auch einen gewissen nachteiligen Einfluß auf die Benutzung der Eisenbahnschlafwagen ausgeübt haben. Mittelbar läßt sich aber für Deutschland sowohl wie für die Vereinigten Staaten von Amerika aus der Tendenz des Schlafwagenverkehrs ableiten, daß sein Umfang in stärkstem Maße von dem Stand der Wirtschaft abhängig ist und in erster Linie die im Wirtschafts- und Geschäftsleben stehenden Personen Wert auf eine Benutzung von Schlafwagen legen werden.

Für unsere Untersuchungen sind weiterhin wichtig die Einnahmen je Schlafwagenreisender, die in Deutschland und den Vereinigten Staaten von Amerika nahezu gleich sind. Es sind darunter die Einnahmen für die Benutzung der Schlafwagengelegenheit zu verstehen, nicht etwa die Einnahmen für die Fahrt, die nach den normalen Personentarifen berechnet und erhoben werden. Die Schlafwageneinnahmen liegen für Deutschland um 20—30 % über den Kosten für das Übernachten am fremden Ort. In den Vereinigten Staaten von Amerika entsprechen sie dagegen ungefähr den Übernachtungskosten. Allen Reisenden, die Wert darauf legen, diese Kosten zu ersparen und die Nacht zu Hause zu verbringen, wird der Nachtluftverkehr einen gewissen Anreiz zu seiner Benutzung geben. Nehmen wir an, daß in diesem Fall der Reisende noch vor Mitternacht um 23.30 Uhr ankommen will, damit er noch genügend Nachtruhe pflegen kann, so würde er bei einer Zubringerzeit von im ganzen 1 Stunde und bei 2 Stunden Flugzeit und einer Reisegeschwindigkeit von 300 km/St. um 20.30 Uhr seine Reise antreten müssen. Auf Entfernungen von 600 km in der Luftlinie würde auf diese Weise der Luftverkehr in der Lage sein, den Schlafwagenverkehr unnötig zu machen.

[1]) Der Schlafwagenverkehr der internationalen Schlafwagengesellschaft (I. S. G.) im deutschen Verkehrsgebiet ist in den Zahlen nicht enthalten, da er zahlenmäßig genau schwer zu erfassen ist. Größenordnungsmäßig beträgt dieser Verkehr ein Viertel des Schlafwagenverkehrs der Mitropa.

Für den nach den örtlichen Verhältnissen und Gepflogenheiten der Großstädte vorliegenden Fall, daß Reisende eine spätere Ankunft zu Hause in der Nachtzeit, also etwa um 0.30 Uhr, noch in Kauf nehmen wollen, weil sie dann mit den ortsüblichen großstädtischen Verkehrsmitteln noch nach Hause gelangen können, würde sich diese Entfernung erhöhen. Bei der ausgezeichneten Ausstattung und Unterbringung in den Schlafwagen der Eisenbahnen dürfte jedoch das Bedürfnis zu derartigen Nachtflügen auf so verhältnismäßig kurzen Entfernungen kaum ins Gewicht fallen, zumal, wie die Tabelle zeigt, auch die durchschnittlichen Transportweiten der Schlafwagenreisenden um 600 km liegt. Einen Vorsprung in der Beförderungsweite würde demnach der obenerwähnte Nachtluftverkehr gegenüber dem normalen Eisenbahn-Schlafwagenverkehr nicht erzielen.

Hier ist nun von besonderer Wichtigkeit die im vorigen Abschnitt gemachte Feststellung, daß der Eisenbahnverkehr die am Abend um 20.30 Uhr abfahrenden Reisenden im Nachtverkehr um 8.00 Uhr am Zielpunkt anbringt, so daß auf die hierbei zurückgelegten Entfernungen der Nachtluftverkehr für Reisende keinen zeitlichen Vorsprung vom Standpunkt der Arbeitsbereitschaft bringt. Damit scheidet grundsätzlich ein Nachtluftverkehr auf Entfernungen von weniger als 720 km aus. Bei größeren Entfernungen aber würde ein Schnelluftverkehr, der in den Morgenstunden gegen 8.00 eingerichtet wird, die Reisenden nach 3 Stunden um 11.00 fast zu gleicher Zeit wie die Eisenbahn ans Ziel bringen. Aber auch in diesem Fall ist es noch zweifelhaft, ob der Reisende bei dem geringen Vorsprung oder bei dem geringen Vorzug, den ihm der Tagluftverkehr unter Umständen durch Übernachten an einem Ort bringen kann, es nicht lieber vorzieht, im Tag-Nachtverkehr der Eisenbahn ans Ziel zu gelangen. Von Bedeutung würde der Nachtluftverkehr erst werden bei Reisen, die mehr als 20 Stunden auf der Eisenbahn, von der Abgangszeit 20.30 Uhr ab gerechnet, dauern. Hierbei würde der Zeitvorsprung des Tag-Nachtluftverkehrs erheblich sein, da dann der Reisende zur Morgenzeit am Zielpunkt ankommt und seine Arbeit während des ganzen Tages erledigen kann. Dieser Vorzug würde aber erst praktische Bedeutung bei Entfernungen in der Luftlinie von mehr als 1000 km haben, denn erst über diese Entfernungen hinaus würde ein abends um 20.30 Uhr mit der Eisenbahn abfahrender Reisender in den Nachmittagsstunden, also zu ungünstiger Zeit der Tagesarbeit, am Ziel ankommen.

Die Einrichtung des Nachtluftverkehrs über dem Festland für Personen lohnt sich erst bei einem größeren Verkehrsbedürfnis auf Entfernungen von mehr als 1000 km, auf kombinierten Land- und Seeverbindungen von mehr als 700 km. Das würde einem Eisenbahnweg oder einem kombinierten Eisenbahn-Seeweg von 1200 km oder 770 km entsprechen. Allerdings wird es bei kombiniertem Eisenbahn-Seeverkehr wichtig sein, daß der Reisende im Schlafwagen im Eisenbahnfährbetrieb ans Ziel gelangt und nicht mitten in der Nacht zum Umsteigen gezwungen wird. In diesem Fall würde eine Nachtluftverbindung in den späten Abendstunden dem Reisenden willkommen sein, die ihn ohne Umsteigen und Grenzübergänge noch vor Mitternacht ans Ziel bringt. Es ist durchaus möglich, daß auf diese Weise im Verkehr über die Nord- und Ostsee für den Nachtluftverkehr in speziellen Verkehrsbeziehungen besondere Vorzüge gegenüber dem kombinierten Land- und Seeverkehr sich ergeben, die seine Einrichtung in Sonderfällen rechtfertigen.

Betrachten wir das Raumbild nach der Lage der Großstädte in Europa mit starken Verkehrsbedürfnissen für Schnelltransport im Personenverkehr, so liegen die Entfernungen der wichtigsten Städte unter 1000 km Luftlinie. Nur zwischen Städten des Ostens und des äußersten Westens sowie des Nordens und des äußersten Südens sind die Entfernungen größer. Zwischen ihnen würde die Einrichtung eines Nachtluftverkehrs für Personen in Frage kommen. Da jedoch die Verkehrsbeziehungen hier nicht besonders stark sind, so würde es genügen, wenn in Verbindung mit den von Europa ausgehenden transkontinentalen und transozeanen Strecken diese Überlandverbindungen im Nachtluftverkehr bedient werden. Eine besondere Einrichtung des Nachtluftverkehrs für Personen auf den Kontinentallinien Europas dürfte sich im allgemeinen nicht lohnen.

Während demnach für Europa davon auszugehen ist, daß ein besonderer Nachtluftverkehr für Reisende zwischen den größten Städten nicht gerechtfertigt ist, weil er im Vergleich mit dem gut ausgebauten Schlafwagenverkehr auf Eisenbahnen und kombiniertem Eisenbahn-Seeweg keinen genügenden Anreiz bietet, liegen die Verhältnisse in den Vereinigten Staaten von Amerika grundsätzlich anders. Dort gehen die wichtigsten Eisenbahnfernreisen über mehr als 20 Stunden

Fahrzeit hinaus, so daß hier mit der Beförderungsweite zunehmend der Nachtluftverkehr für Personen seine besondere Bedeutung und Berechtigung erhält. Das gleiche ist für alle transkontinentalen und transozeanen Strecken der Fall. Auf ihnen erzielt der Tag-Nachtluftverkehr, wie wir aus den Abb. 15 bis 17 ersehen haben, einen durchschnittlichen Vorsprung von 2,4 gegenüber dem reinen Tagluftverkehr und einen entsprechend größeren Vorsprung gegenüber dem Überseeschiffahrtsverkehr. Es wird von der Struktur der Oberflächengestaltung der Erde abhängen, ob und in welcher Weise in technischer und betrieblicher Hinsicht die Vorbedingungen für den Nachtluftverkehr auf den Hochstraßen des Weltluftverkehrs geschaffen werden können und damit der Nachtluftverkehr praktisch möglich wird. Vom Standpunkt des Verkehrsbedürfnisses wird die Einrichtung des Tag-Nachtluftverkehrs auf den transkontinentalen und transozeanen Strecken eine ständig lebendige Forderung der beteiligten Verkehrsinteressenten bleiben, der ein wirtschaftlich geführter Luftverkehr gerecht werden muß. Die Ausstattung der Luftwege und der Luftfahrzeuge, Luftschiffe sowohl wie Flugzeuge, wird dabei besonders wichtig sein, damit für den Reisenden die lange Fahrt so angenehm wie möglich gemacht werden kann.

Der Wirkungsbereich des Nachtluftverkehrs für die Beförderung von Personen ist in stärkstem Maße an die Annehmlichkeit und die zeitliche Lage der Nachtreise neben einem genügenden Zeitvorsprung gegenüber den Erdverkehrsmitteln gebunden. Daraus ergeben sich verhältnismäßig große Beförderungsweiten, von denen an erst ein Nachtluftverkehr für Personen in Frage kommt. Für den Nachtluftverkehr für Post und Fracht fallen die psychologischen Gesichtspunkte des Nachtluftverkehrs für Personen fort. Für ihn ist allein bestimmend die Zweckmäßigkeit und der Vorteil eines schnellen Transportes von Post und Fracht in dem Zeitraum, in dem allgemein die Arbeit ruht. Es bedeutet einen ganz besonderen Vorzug für die organisatorische Zusammenarbeit der in der staatlichen Verwaltung und in der Wirtschaft tätigen Kräfte, wenn in der Zeit der Arbeitsruhe die Transportarbeit auf möglichst weite Entfernungen die Post und wichtige Fracht zu Beginn der Arbeit in den Morgenstunden den Empfängern zur Verfügung stellen kann.

Für die Post und Fracht bildet daher die im vorigen Abschnitt ermittelte Transportgrenze zwischen dem Luftverkehr und dem Tag-Nachtverkehr der Erdverkehrsmittel, bis zu der diese ebenso weit wie der Luftverkehr das abends anfallende Verkehrsgut um 6.00 Uhr zum Zielort bringen, auch die Grenze für die Einrichtung des Nachtluftverkehrs zwischen wichtigen Großstädten. Irgendwelche Korrekturen dieser Grenzen, wie sie für den Personenverkehr notwendig waren, kommen nicht in Frage, da der Verkehrskunde ein viel zu großes Interesse daran hat, zu Beginn der Arbeitszeit und nicht etwa im späteren Verlauf des Tages die Abendpost des Versandortes zur Bearbeitung bereit zu finden. Alle für den Luftverkehr wichtigen Großstädte, deren Beziehungen zu anderen Großstädten über mehr als 600 km über Land oder mehr als 440 km über Land und See hinausgehen, kommen daher für den Nachtluftverkehr in Frage. Sie bilden gleichsam die Festpunkte, nach denen ein Nachtluftverkehrsnetz für Post und hochwertige Fracht orientiert werden muß, wenn genügendes Verkehrsgut für den Luftverkehr aufkommen soll. Für den Transport von Post und Fracht auf den transkontinentalen und transozeanen Linien trifft dies naturgemäß in erhöhtem Maße zu.

## IX. Der Grundplan des Nacht-Luftverkehrsnetzes für Europa

Die Untersuchungen über das Verkehrsbedürfnis für den Nachtluftverkehr zur Beförderung von Personen, Post und Fracht haben zwei wichtige Gesichtspunkte für die Ausgestaltung eines europäischen Nachtluftverkehrsnetzes ergeben. Für den Personenverkehr kommt kein geschlossenes europäisches Nachtluftverkehrsnetz in Frage, nur ein Zubringerverkehrsnetz für Reisen, die über den europäischen Kontinent hinweg nach den übrigen Erdteilen gehen. Der Nachtluftverkehr Europas für Personen ist daher nur in engster Beziehung zum transkontinentalen und transozeanen Luftverkehr zu beurteilen und aufzubauen. Anders liegen die Verhältnisse für Post und Fracht. Für sie ist ein geschlossenes Nachtluftverkehrsnetz in Europa lebensfähig, das nun über seinen eigentlichen kontinentalen Zweck hinaus auch als Zubringerverkehrsnetz für den Tag-Nachtverkehr für Post und Fracht auf den transkontinentalen und transozeanen Strecken verwandt werden kann. Es dient demnach sowohl den eigenen Bedürfnissen Europas wie den über den europäischen Raum hinausgehenden Bedürfnissen des Weltluftverkehrs. Es liegt im Interesse einer organischen Zusammenarbeit zwischen dem kontinentalen Luftverkehr einerseits und dem transozeanen Luftverkehr andererseits, zuerst den Plan für das Grundnetz für Post und Fracht im europäischen Kontinent zu entwickeln und anschließend aus ihm die für den Verkehr von Personen, Post und Fracht wichtigen Zubringerlinien im Weltluftverkehr abzuleiten.

In Abb. 23 ist das Grundnetz für den Nachtluftverkehr im europäischen Raum zur Beförderung von Post und Fracht dargestellt. Sein Aufbau ist abhängig gemacht von dem in den

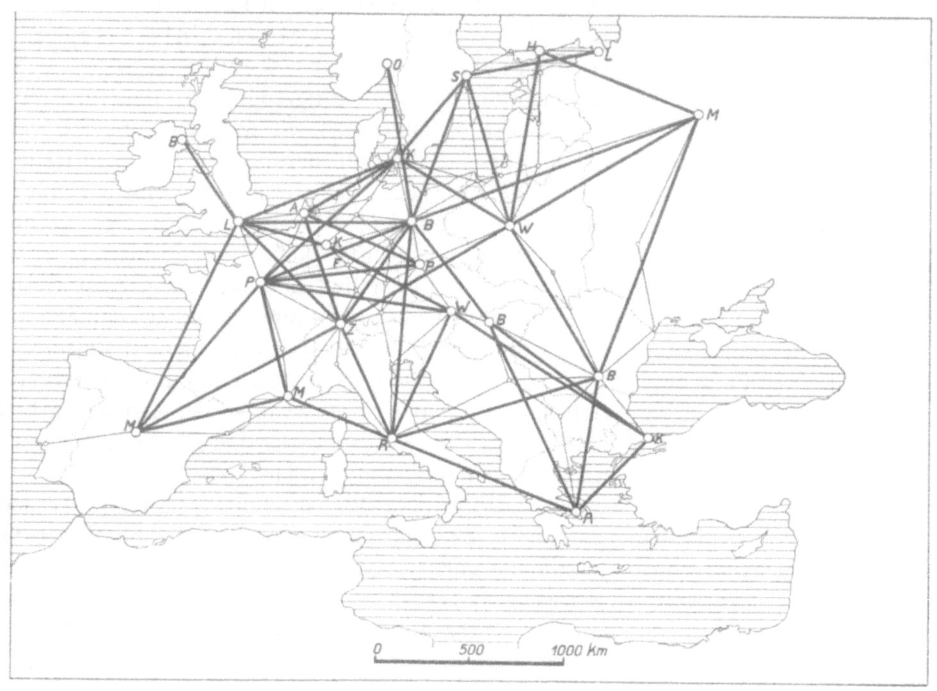


Abb. 23. Das Grundnetz für den Nachtluftverkehr 2. Ordnung im europäischen Raum zur Beförderung von Post und Fracht

—— Theoretisches Grundnetz
—— Abweichungen vom theoretischen Grundnetz aus Gründen des praktischen Luftverkehrs

großen Verwaltungs-, Handels- und Industriezentren der Länder vorhandenen Verkehrsbedürfnis für den Luftverkehr allgemein, von den Transportgrenzen zwischen dem Nachtluftverkehr und dem Tag-Nachtverkehr der Erdverkehrsmittel sowie von der verkehrs- und betriebsmäßig wichtigen Forderung, möglichst viele Großstädte der Vorteile des Nachtluftverkehrs für Post und Fracht teilhaftig werden zu lassen. Zu diesem Zweck sind in starken Linien die Verbindungen derjenigen großen Städte eingetragen, deren Abstand voneinander über Land mehr als 600 km Luftlinie, über Land und See mehr als 440 km Luftlinie beträgt. Das so zustande gekommene Netz entspricht der Wettbewerbslage zwischen den Erdverkehrsmitteln und dem Nachtluftverkehr für den verkehrswichtigen Fall, daß die abends um 20.30 Uhr abgehende Post und Fracht am nächsten Morgen um 6.00 Uhr am Zielort eintrifft und zu Beginn der Geschäftszeit um 8.00 Uhr dem Empfänger zugestellt ist.

Wir erkennen, daß das Grundnetz im wesentlichen die Hauptstädte der europäischen Länder verbindet, dagegen dem Binnenverkehr der Länder oder dem Landesluftverkehr bei der geringen Raumausdehnung der europäischen Staaten weniger dienen kann, weil durchweg der Nachtverkehr der Erdverkehrsmittel diesen Verkehr ebensogut und schnell bedienen kann wie der Nachtluftverkehr. Die Linien des Grundnetzes für den Nachtluftverkehr berühren jedoch mehr oder weniger eine große

Zahl von Großstädten, deren Verkehrsbedürfnis zum Transport von Post und Fracht groß ist, für die jedoch die Reichweite dieser Verkehrsbedürfnisse in der Hauptsache unter den obenerwähnten Transportgrenzen zwischen den Erdverkehrsmitteln und dem Nachtluftverkehr liegt. Aber auch diese Städte haben Verkehrsbedürfnisse mit über der Transportgrenze zwischen Erdverkehrsmitteln und Nachtluftverkehr liegenden Reichweiten, die vorteilhafter befriedigt werden können in einem Nachtluftverkehr, der über die den Zwischenstädten benachbarten Knotenpunkte oder Festpunkte des Grundnetzes für den Nachtluftverkehr hinausgeht. Es wäre daher eine verkehrswirtschaftlich nicht tragbare Lösung, wenn diese Großstädte grundsätzlich vom Nachtluftverkehr ausgeschlossen sein sollten und trotz vorhandener Verkehrsbedürfnisse für den Luftverkehr nur deshalb vom Nachtluftverkehr unberührt blieben, weil eine Luftverkehrslinie des Grundnetzes starr vom Anfangspunkt zum Endpunkt durchflogen werden müßte.

Neben diesen verkehrsmäßigen Gesichtspunkten sprechen jedoch auch Gründe des Nachtluftverkehrsbetriebs dafür, Zwischenorte in den Nachtluftverkehr zwischen den Festpunkten des Grundnetzes einzubeziehen. Der Betrieb auf den Nachtluftverkehrsstrecken wird nach den Grundsätzen der Flugsicherung möglichst viele beleuchtete Flughäfen berühren müssen, um die Sicherheit des Nachtluftverkehrs so günstig wie möglich zu gestalten. Die Nachtfluglinie wird daher in den seltensten Fällen in gerader Richtung zwischen dem Anfangs- und Endflughafen des Grundnetzes beflogen werden. Sie wird aus Gründen der Sicherheit zum mindesten in der Nähe von Flughäfen großer Städte, die ohnehin für den Luftverkehr zu Zeiten der Dunkelheit in den Abendstunden für den eigentlichen Tagesluftverkehr beleuchtet sein müssen, vorbeigeführt werden. Kann dies ohne wesentliche Umwege geschehen, so ist es um so wertvoller. Es liegt dann aber der Gedanke durchaus nahe, diese Großstädte in den Nachtluftverkehr durch Landen auf den Flughäfen einzubeziehen und damit auch möglichst eine Ergänzung der Betriebsstoffe zu verbinden. Damit jedoch durch diese Zwischenlandungen, die immerhin je 15—20 Minuten mehr Transportzeit im Nachtluftverkehr verlangen, der Wert des Nachtluftverkehrs gegenüber den Erdverkehrsmitteln nicht beeinträchtigt wird, ist der Abflug am Abgangsziel entsprechend früher zu legen. Nach dem Ausweis der Abb. 22, die die beiden Zeitwegelinien der Erdverkehrsmittel und des Tag-Nachtluftverkehrs enthält, ist dies ohne weiteres möglich, da dem Nachtluftverkehr noch ein großer Zeitvorsprung vor den Erdverkehrsmitteln im Bereich der Nachtzeit zur Verfügung bleibt. Naturgemäß darf die Einbeziehung der Zwischenorte in den Nachtluftverkehr nicht dazu verleiten, zu viele Städte anzuschließen und damit den Luftverkehrsbetrieb zur Nachtzeit unnötig zu verlängern. Hier wird neben der Notwendigkeit zur Landung zwecks Ergänzung der Betriebsstoffe vor allem der Verkehrswert der Zwischenorte maßgebend bleiben müssen.

Unter Berücksichtigung aller dieser Umstände ist in Abb. 23 das Grundnetz oder das Netz der stark ausgezogenen Nachtluftverkehrslinien einer Korrektur unterworfen, die durch dünn ausgezogene Linien gekennzeichnet ist. Diese Linien zeigen den tatsächlichen Weg des Nachtluftverkehrs zwischen den Festpunkten des Grundnetzes an, wobei die Sendungen, die von den Städten zwischen den beiden Festpunkten des Grundnetzes zu diesen Festpunkten im Nachtluftverkehr gehen, zwar keinen Vorzug im Nachtluftverkehr gegenüber dem Nachtverkehr der Erdverkehrsmittel erhalten, wohl aber alle Sendungen, die weiter über die beiden Festpunkte des Grundnetzes hinausgehen. Das so gestaltete Nachtluftverkehrsnetz Europas für Post und Fracht kann als ein Grundnetz angesprochen werden, das den Lebensnotwendigkeiten des europäischen Raums weitgehend entgegenkommt. Es entspricht der verkehrswirtschaftlichen Grenzlage zwischen dem Tag-Nachtverkehr der Erdverkehrsmittel und dem Nachtluftverkehr und wird darüber hinaus den Bedürfnissen der Großstädte nach möglichst schnellem und der Arbeitsbereitschaft angepaßtem Transport auf dem Luftwege gerecht. Jede angeschlossene Großstadt wird dabei auch als Mittelpunkt der umgebenden größeren Landschaft oder eines Landes angesehen werden können, zu dem die übrigen Verkehrsmittel, wie Straßen und Eisenbahnen, den Post- und Frachtverkehr bringen, der auf große Entfernungen zu befördern ist und daher für den Luftverkehr in Frage kommt.

Zu dem Grundnetz für den kontinentalen Nachtluftverkehr Europas zum Transport von Post und Fracht können nun diejenigen Linien, die als Anfangs- und Endstrecken für die Weltluftverkehrslinien anzusehen sind, in Beziehung gesetzt werden. Diese Luftverkehrslinien werden gegenüber den reinen kontinentalen Nachtluftverkehrslinien dem Doppelzweck des kontinentalen Luftverkehrs und dem Weltluftverkehr dienen und dementsprechend in ihrer Eigenschaft als Nachtluftverkehrsstrecken mit besonderer Sorgfalt und mit allen modernen Hilfsmitteln für den Nachtluftverkehr ausgestaltet werden müssen. Sie werden im Interesse einer günstigen Flugplangestaltung auf den großen Weltluftverkehrslinien zu jeder Tages- und Nachtzeit betriebsbereit sein müssen, damit sie jede nur mögliche Freiheit in der Flugzeit für den Luftverkehr auf große Raumweiten geben können. Sie können daher als Nachtluftverkehrsstrecken erster Ordnung angesehen werden, während die Strecken für den reinen kontinentalen Nachtluftverkehr als Nachtluftverkehrsstrecken zweiter Ordnung anzusprechen sind.

In Abb. 24 ist das Netz der europäischen Nachtluftverkehrsstrecken erster Ordnung mit seinen Ausläufen zum Weltluftverkehrsnetz eingezeichnet. Es stellt die Verkehrswege dar, mit denen das

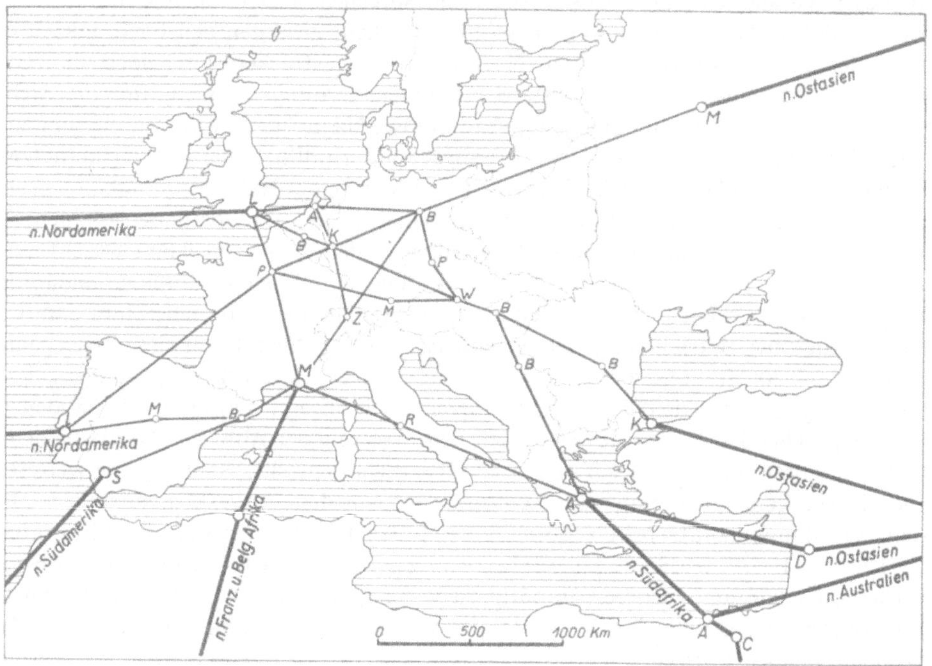


Abb. 24. Das Grundnetz für den Nachtluftverkehr 1. Ordnung im europäischen Raum zur Beförderung von Personen, Post und Fracht mit seinen Ausläufen zum Weltluftverkehrsnetz

Weltluftverkehrsnetz für Personen, Post und Fracht den europäischen Kontinent zum Ausgangs- und Endpunkt seines Arbeitsbereichs nimmt und an deren Ursprung und Ende die Weltluftverkehrsströme, soweit sie Europa berühren, liegen. Zu ihnen bilden die übrigen Nachtluftverkehrsstrecken des europäischen Kontinents zusammen mit den Tagluftverkehrsstrecken die Zubringer- und Verteilerlinien innerhalb Europas.

Auf den Nachtluftverkehrsstrecken erster Ordnung, die alle weit über 1000 km liegende Streckenlängen in Europa besitzen, wird sich ferner für den europäischen Raum ein Nachtluftpersonenverkehr entwickeln können, der auf den eigentlichen Nachtluftverkehrsstrecken Europas, wie wir gesehen haben, keinen genügenden Anreiz findet. Es ist zwar fraglich, ob der kontinentale europäische Personenverkehr im Vergleich zu dem Personenverkehr auf den Strecken des Weltluftverkehrsnetzes eine wesentliche Rolle spielen wird, da in den südwestlichen und südöstlichen Randgebieten Europas keine besonders bedeutenden Handels- und Geschäftsstädte liegen, die ein größeres Bedürfnis für schnellen Transport im Personenverkehr besitzen. Das hindert jedoch nicht, daß in der Tat auf diesen Strecken auch der Nachtluftverkehr für den Reisenden gegenüber den Erdverkehrsmitteln einen wesentlichen Vorsprung hat und bis zu einem gewissen Grad das Bedürfnis für Luftverkehrsreisende bei Nacht anregt.

# X. Die technischen und betrieblichen Voraussetzungen für den Nachtverkehr der verschiedenen Verkehrsmittel

Der Wert des Nachtluftverkehrs gegenüber dem reinen Tagluftverkehr und im Vergleich zu dem Tag-Nachtverkehr der Erdverkehrsmittel ist in den vorhergehenden Abschnitten nach Verkehrsarten und Beförderungsweiten untersucht worden. Er ist für die Beschleunigung des Transports auf großen Entfernungen so hoch anzuschlagen, daß alle technischen und betrieblichen Maßnahmen zu seiner Einrichtung auf den für den Nachtverkehr geeigneten Strecken Sinn und Ziel erhalten. Diese Maßnahmen werden sich in erster Linie auf den Weg, die Luftfahrzeuge und den Personaleinsatz erstrecken. In Heft 6 der Forschungsergebnisse des Instituts, in dem die Grundlagen der Flugsicherung behandelt wurden, sind bereits alle Vorrichtungen und Maßnahmen, die der Sicherung der Bewegungsvorgänge im Nachtluftverkehr dienen, grundsätzlich behandelt worden. Sie beziehen sich auf eine ausreichende Streckenbefeuerung über Land- und Küstenstrecken und auf eine zuverlässige Leitung des Flugzeugs durch die Funksicherung und Wetterberatung. Während die Erdverkehrsmittel lediglich eine Kennzeichnung des Weges durch Bodensignale und zum Teil durch Beleuchtung der Fahrbahn benötigen, um ihren Weg bei Dunkelheit zu finden und sicher zurückzulegen, ist für den Luftverkehr außerdem noch eine jederzeit zuverlässig arbeitende Verbindung zwischen dem Luftfahrzeug und dem Erdboden nötig, die nur auf dem Funkwege hergestellt werden kann. Die Mittel zur Sicherung des Nachtluftverkehrs sind daher umfassender als diejenigen für den Nachtverkehr der Erdverkehrsmittel.

Dementsprechend ist auch die Ausrüstung der Luftfahrzeuge für den Nachtverkehr eine andere als bei den Erdverkehrsmitteln, wenn auch der Seeverkehr ihr am nächsten kommt. Was aber die Ausrüstung der Luftfahrzeuge auch gegenüber den Seeschiffen voraus haben muß, wird in erster Linie bestimmt durch die Geschwindigkeit, mit der die Luftfahrzeuge sich im Raum bewegen, und bei Flugzeugen auch durch den Schwebezustand, der ein schnelleres Arbeiten und besondere Sicherungsvorkehrungen verlangt. Während das Seeschiff bei unsichtigem Wetter seine Fahrt verlangsamen oder ganz einstellen kann, ist das Flugzeug auch bei jeder Witterung gezwungen, seinen Weg mit der genügenden Schwebegeschwindigkeit mindestens bis zur nächsten Landemöglichkeit fortzusetzen und muß bis dahin imstande sein, seinen richtigen Kurs mit Sicherheit zu finden. Das verlangt hochwertige Instrumente und hochwertiges Bedienungspersonal, dessen besondere Eigenschaft es sein muß, nicht allein zuverlässig, sondern auch schnell die Orientierung im Raum durchzuführen. Welche Mittel und Wege in der Zusammenarbeit zwischen Luftfahrzeug und Bodenorganisation hierzu gefunden worden sind, ist in Heft 6 der Forschungsergebnisse behandelt und auch heute noch grundsätzlich maßgebend, wenn auch ständig Verbesserungen bei den technischen Mitteln vorgenommen werden.

Auf den kontinentalen Luftverkehrsstrecken Europas ist es heute kein Problem mehr, ob auf ihnen nur am Tage geflogen werden soll, wie es in der ersten Entwicklungszeit aus Gründen der schwierigen und teuren Bodenorganisation für den Nachtverkehr nicht zu umgehen war, oder auch zur Zeit der Dunkelheit. Die Abwicklung des Luftverkehrs zur Zeit der Tagesarbeit von 6.00 bis 20.30 Uhr verlangt vor allem zu Zeiten der mittleren und kurzen Tageslängen ein Fliegen in den dunklen Abend- und Morgenstunden, dem der Ausbau von Strecken für den Flug bei Dunkelheit gerecht wurde. Das Ziel der weiteren Zukunft ist klar in der Forderung vorgezeichnet, auf den transkontinentalen Strecken Tag- und Nachtluftverkehr einzurichten, um in möglichst kurzer Zeit die großen Entfernungen zurückzulegen. Die Möglichkeit, dieses Ziel zu erreichen, verlangt allerdings noch erhebliche Vorarbeiten und Ausgaben einesteils auf dem Gebiet der Bodenorganisation und weiter auf dem Gebiet des Flugzeugbaus.

In bezug auf die Bodenorganisation liegen die Schwierigkeiten weniger auf dem Gebiet der technischen Mittel als vielmehr in ihrer räumlichen Verteilung vor allem in den verkehrlich und kulturell bisher noch wenig erschlossenen Gebieten. Die Einrichtung beleuchteter Flughäfen und Hilfslandeplätze sowie die Aufstellung von Streckenfeuern und Bodenfunkstationen ist in diesen Gegenden vielfach aufs engste verknüpft mit einem ausgedehnten Wachdienst entlang der Strecken. Die Luftverkehrsfreudigkeit der Leiter und Bewohner der überflogenen Staaten ist dabei eine wichtige

Voraussetzung, die zu schaffen vielfach nur über den Weg von Leistung und Gegenleistung möglich ist und erhebliche Kosten verursacht. Diese in der Hauptsache von der Besiedlung, der Einstellung zum Luftverkehr und der finanziellen Stärke der Luftverkehrsunternehmungen abhängige genügende Herrichtung der Bodenorganisation wird noch geraume Zeit und schwierige Verhandlungen in Anspruch nehmen.

Was jedoch unmittelbar und weitgehend unabhängig von anderen Stellen von der Luftfahrtindustrie und den Luftverkehrsgesellschaften allein gefördert werden kann, ist die Herstellung von Luftfahrzeugen, die für den Tag- und Nachtverkehr geeignet sind und die nicht allein nach Schnelligkeit, sondern auch vor allem nach Bequemlichkeit und Annehmlichkeit das Reisen so wertvoll und sympathisch wie möglich machen. Diese Forderung bezieht sich naturgemäß in erster Linie auf den Personenverkehr, während im Post- und Frachtverkehr auf bequeme Unterbringung der Flugmannschaft jede nur mögliche Rücksicht zu nehmen ist, weniger dagegen auf die des Verkehrsguts. Im Zeppelinluftschiff ist diese Frage weitgehend gelöst. Bei den Flugzeugen liegt ihre konstruktive Behandlung erst im Anfangsstadium. In dem Gegensatz zwischen dem Personenverkehr und dem Post-Frachtverkehr unterscheiden sich bereits die Flugzeuge im Tagluftverkehr, im Tag-Nachtluftverkehr tritt dieser Gegensatz noch stärker zutage, da für einen Nachtflug auch die Möglichkeit zum Schlafen für Reisende gegeben sein muß.

Es ist vielfach auf Grund dieses Unterschieds in den Anforderungen, die vom Verkehrsstandpunkt an die Gestaltung der Luftfahrzeuge für Personen einerseits und Post und Fracht andererseits gestellt werden, die Forderung vertreten worden, getrennten Luftverkehr für Personen sowie Post und Fracht einzurichten, um eine den Eigenarten der Verkehrsgattungen aufs beste angepaßte Flugzeugkonstruktion im Betrieb zu haben. Für die Entwicklungszeit des Luftverkehrs und vor allem für die erste Einrichtung von schwierigen und großen Luftverkehrsstrecken ist diese Trennung durchaus richtig, damit die Gefahren der Entwicklungszeit für den Personenverkehr so gering wie möglich gemacht werden. Nach einer gewissen Entwicklungszeit und Verkehrsreife ist diese mehr aus Gründen der Sicherheit durchgeführte Trennung zwischen Personen- und Post-Frachtflugzeugen allgemein jedoch nicht mehr gerechtfertigt. Sie wird nur dort in Frage kommen, wo, wie im europäischen Nachtluftverkehr zu bestimmten Zeiten nur Post und Fracht befördert wird, oder wo das Bedürfnis von Post und Fracht so groß ist, daß es nicht mehr zusammen mit dem Personenverkehr erledigt werden kann. In diesem Punkt muß aber vor allem auf großen Entfernungen daran festgehalten werden, daß die Menge Post und hochwertiger Fracht zunächst verhältnismäßig gering ist, so daß ihre Mitnahme in für den Personenverkehr geeigneten Luftfahrzeugen ohne hemmende Mehrbelastung möglich ist.

Im übrigen Verkehrswesen ist auch bei den hochwertigsten Transporteinheiten der Eisenbahn und des Schiffsverkehrs dieser Weg beschritten worden, indem in den schnellsten Zügen und Schiffen auch hochwertige Fracht und Post befördert wird. Man mag vielleicht dagegen einwenden, daß vielleicht weniger die Luftschiffe, wohl aber die Flugzeuge ein so ungünstiges Verhältnis zwischen Gesamtgewicht und Nutzladefähigkeit haben, daß auch die Zuladung geringer Post- und Frachtmengen unerwünscht ist. Für Flugzeuge, die auf lange Strecken im Tag-Nachtverkehr eingesetzt werden und Personen befördern sollen, kann das nicht ausschlaggebend sein, da ihre Nutzladefähigkeit groß sein muß und im Verhältnis zu ihr das Gewicht von Post und Fracht gering ist. Solange daher auf den transkontinentalen und transozeanen Strecken der Post- und Frachtverkehr nicht solchen Umfang annimmt, daß er nicht mehr als Zuladeverkehr mit den Personenflugzeugen befördert werden kann, wird bis auf weiteres der kombinierte Transport von Personen, Post und Fracht in einem Flugzeug auf ihnen zweckmäßig sein. Die Häufigkeit der Verkehrsbedienung braucht darunter ebensowenig zu leiden wie die Schnelligkeit, da sowohl Personen wie Post und hochwertiges Gut hierauf gleich großen Wert legen.

Wesentlich bestimmt werden die für den Nachtluftverkehr zu bauenden Personenflugzeuge von dem Raumbedarf für die Nacht, die der Flugreisende schlafend verbringen will. Wenn dies in ähnlicher Weise möglich wird, wie bei den Eisenbahnen, so kann der Mensch auch die weitesten Flugstrecken ebenso ertragen, wie er auf langen Eisenbahnstrecken 4—5 Tage auf den Pazifikstrecken der Vereinigten Staaten von Amerika und 10—12 Tage auf der transsibirischen Eisenbahn im Tag-

Nachtverkehr befördert wird und durchaus keinen besonderen Anstrengungen dabei unterworfen ist. Ohne eine ähnliche bequeme Unterbringung sollte allerdings überhaupt kein Nachtluftverkehr für Personen aufgezogen werden, da er nur dem Luftverkehr allgemein schaden kann.

In Tabelle 8 sind für die heute gebräuchlichen Fahrzeuge für den Personenverkehr der verschiedenen Verkehrsmittel die auf eine Person oder einen Platz entfallenden Raumgrößen aufgeführt. Einbezogen in diese Raumgrößen sind alle Fahrgasträume, die dem Aufenthalt der Reisenden während der Fahrt dienen, jedoch nicht besondere Speiseräume. Die Unterschiede sind ganz erheblich zwischen dem individuellen Verkehrsmittel, dem Kraftwagen, der in erster Linie dem Nahverkehr dient, und dem großen Ozeandampfer, dem wichtigen Repräsentanten des Übersee- und Weltverkehrs mit langen Fahrzeiten. Dem Luftverkehr am nächsten wird der Eisenbahntransport kommen, da die

Tabelle 8. **Die im Personenverkehr auf eine Person entfallende Raumgröße und -fläche bei verschiedenen Verkehrsmitteln**

| Verkehrsmittel | Raum in $m^3$/Person | Fläche in $m^2$/Person |
|---|---|---|
| 1 | 2 | 3 |
| Eisenbahn: | | |
| a) D-Zugwagen | 2,2 — 4,0 | 0,9 — 1,6 |
| b) Schlafwagen | 4,7 — 5,3 | 1,8 — 2,1 |
| Kraftwagen | 0,54— 0,78 | 0,55— 0,90 |
| Kraftomnibus | 0,56— 0,58 | 0,30— 0,36 |
| Seeschiff 1. Klasse | 38,0 —85,0 | 20,0 —25,0 |
| Seeschiff 2. Klasse | 20,0 | 8,0 |
| Flugzeug: | | |
| a) Tagflugzeug | 0,7 — 1,6 | 0,4 — 0,9 |
| b) Nachtflugzeug | 2,17— 3,0 | 1,2 — 1,36 |
| Luftschiff: | | |
| a) Aufenthaltsraum | 2,7 | 1,25 |
| b) Schlafraum | 5,0 | 2,25 |

Quelle: Pirath, „Die Grundlagen der Verkehrswirtschaft". Berlin 1934.

Fahrzeuge beider Verkehrsmittel in ihrer Umgrenzung an gewisse Einschränkungen gebunden sind, die eine möglichst sparsame Raumausbildung und eine gute Raumausnutzung der Personenfahrzeuge verlangen. Aber auch in der Reiseart und der Reisedauer entspricht der Tag-Nachtluftverkehr in der Luft demjenigen auf Eisenbahnen. In beiden Fällen muß im allgemeinen der Reisende nur wenige Tage im gleichen Fahrzeug verbringen, während er bei dem langsamen Seetransport Tage und Wochen an das Seeschiff gebunden ist und daher mehr Bewegungsfreiheit haben muß. Der Aufenthalt auf den Zwischenlandeplätzen bietet ebenso wie der Aufenthalt bei den Eisenbahnstationen den Reisenden eine willkommene Gelegenheit zur Bewegung auf größeren Flächen.

Die für den Nachtverkehr einzurichtenden Schlafflugzeuge müssen demnach je Bett mindestens 3—4 cbm Raumgröße aufweisen bei einer Höhe des Fahrgastraumes von mindestens 2 m, damit bequeme Bewegung des Reisenden möglich ist. Das Luftschiff entspricht bereits diesem Maß und weist auch bequeme Aufenthaltsräume für die Reisenden auf. Seine großzügige Einrichtung erklärt sich zudem aus dem gewaltigen zur Verfügung stehenden Raum des Luftschiffkörpers, der

Abb. 25. Schlafflugzeug „Fokker F XXXVI"

lediglich im Gewicht, nicht aber in der Raumgröße Einschränkungen für die Fahrgasträume verlangt. Die größere Bequemlichkeit im Luftschiff macht es besonders geeignet für den Nachtluftverkehr für Personen auf weite Strecken. Die heute in den Vereinigten Staaten von Amerika eingesetzten Schlafflugzeuge kommen dem notwendigen Maß von 3—4 cbm je Platz mit 2,5 cbm bereits sehr nahe. Die Abb. 25—28 zeigen heute im Luftverkehr eingesetzte Schlafflugzeuge für den Tag-Nachtluftverkehr.

Abb. 26. Schlafflugzeug „Fokker F XXXVI", Kabine bei Tagverkehr

Die im reinen Tagluftverkehr eingesetzten Flugzeuge überschreiten demgegenüber nicht 1,6 cbm je Platz oder Person. Man kann davon ausgehen, daß für den künftigen Verkehr von Großflugzeugen, die auch dem Nachtverkehr dienen sollen, die Bettzahl die Hälfte der Platzzahl im Flugzeug betragen kann, so daß während des Tagflugs eine sehr bequeme Unterbringung in den Flugzeugen gegeben ist. Die Unterteilung der Fahrgasträume wird dem Gesichtspunkt der Fahrgäste Rechnung tragen müssen, daß zur Tageszeit mehrere Aufenthaltsräume dem Fahrgast jederzeit zur Benutzung zur Verfügung stehen, um im Wechsel des Aufenthalts innerhalb des Flugzeugs auch eine gewisse Abwechslung in der Reise zu ermöglichen. Sämtliche Fahrgasträume müssen mit Beleuchtung versehen sein, die wie in den Schlafwagen der Eisenbahnen das Lesen und Schreiben zur Zeit der Dunkelheit gestattet.

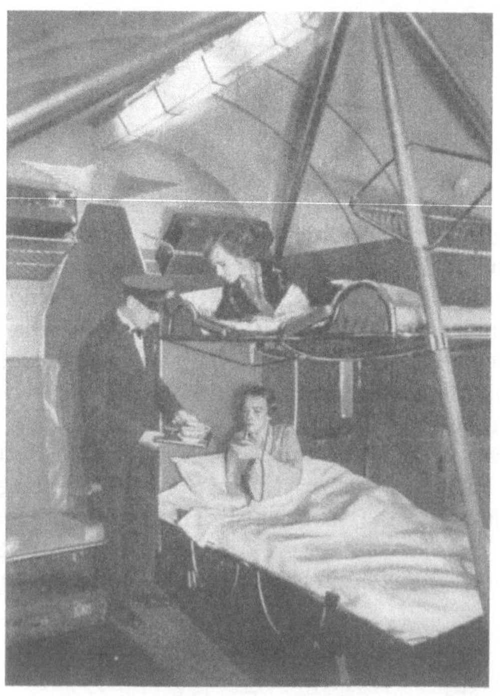

Abb. 27. Schlafflugzeug „Fokker XXXVI", Kabine bei Nachtverkehr

Bei den für den Nachtluftverkehr einzuhaltenden Raumgrößen je Person kommt wohl in deutlichster Weise der Unterschied in der Größe der Verkehrsräume in Schlafflugzeugen und derjenigen in Post- und Frachtflugzeugen und damit auch in der Größe der Flugzeuge selbst zum Ausdruck. Rechnen wir auf 1 Gewichtstonne 12,5 Personen und je Bett 4,5 cbm Raum, so würde für die Tonnennutzlast im Personenverkehr rund 56 cbm Raum im Schlafflugzeug zur Verfügung stehen müssen. Nach der Tabelle 9 beträgt der Staukoeffizient oder der Raum, der zur Unterbringung von 1 t Post oder Fracht nötig ist bei Briefen nur 3 cbm, bei Paketen und hochwertiger Fracht im Mittel 7 cbm. Es ist demnach zum Transport von 1 t Nutzlast im Personenverkehr zur Nachtzeit

Tabelle 9. **Der Staukoeffizient für Post und Fracht**

| | | | |
|---|---|---|---|
| Hochwertige Güter . . (Blumen) | 2,26—10,5 m³/t | Briefe . . . . . . . . . . . . . . . . . | 3,0 m³/t |
| Mittel- und geringwertige Güter . | 0,2 — 3,9 m³/t | Pakete . . . . . . . . . . . . . . . . . | 7,0 m³/t |

Quelle: Pirath, „Die Grundlagen der Verkehrswirtschaft". Berlin 1934.

ein ungefähr 18mal größerer Raum gegenüber der Briefpost und ein ungefähr 8mal größerer Raum gegenüber der Fracht einschließlich Paketen erforderlich.

Dieser Unterschied in der Raumbeanspruchung wird noch durch die Einbauten für die zweckmäßige Unterbringung der Reisenden und durch die damit verbundene Erhöhung des Eigengewichts des Luftfahrzeugs vergrößert. Vor allem diese Tatsache hat den Gedanken nicht zur Ruhe kommen lassen, im Interesse der Wirtschaftlichkeit im Luftverkehr eine Scheidung des Fahrzeugparks nach

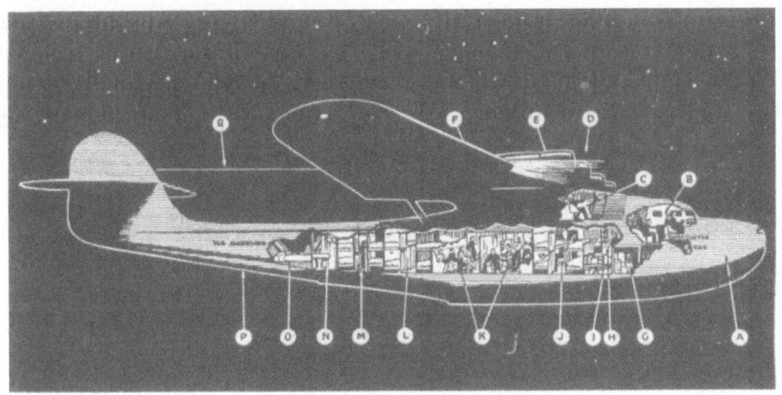


Aufenthalts- und Schlafräume bei Nacht

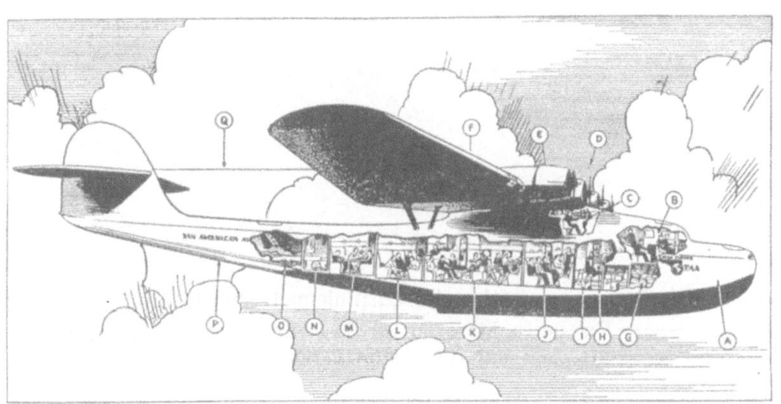


Aufenthaltsräume bei Tag

Abb. 28. Schlafflugzeug „China Clipper" der Transozeanstrecke über den Pazifik der Pan American Airways.

Erklärung: Gesamtlänge . . . . . . = 28,5 m
Höhe . . . . . . . . . . . = 7,25 m
Spannweite . . . . . . . = 39,6 m
Gesamtgewicht . . . . . = 23,1 t
Reisegeschwindigkeit . . . = 252 km/St.
(*G*) = Raum für Fracht und Post
(*H*) = Büfett
(*I*) = Gepäckraum
(*J*) = Fluggastkabine mit 6 Betten
(*K*) = Umkleideraum für Damen und Herren durch Verwendung des Frühstücksraums. Kaltes und warmes fließendes Wasser
(*L*) = Fluggastraum mit 6 Betten
(*M*) = Fluggastraum mit 6 Betten
(*N*) = W. C.
(*O*) = Schlafräume für 2 Mann Freiwache
(*P*) = Hinterer Speicherraum

Personen- und Post-Frachtflugzeugen vorzunehmen. Für den Nachtluftverkehr mit seinen besonders hohen Ansprüchen für eine bequeme Unterbringung der Reisenden scheint diese Trennung nahezuliegen, trotzdem kann ihm zunächst aus den bereits angeführten Gründen nicht allgemein der Vorzug gegeben werden. Abgesehen von bestimmten Entwicklungsversuchen und von mangelndem Bedürfnis für den Personenverkehr zur Nacht wird die Trennung von Personen und Post und Fracht allein bestimmt werden von der Entwicklung der Verkehrsbedürfnisse oder dem Verhältnis der auf großen Strecken für einen Flug aufkommenden Zahl an Personen zur Menge von Post und Fracht. In absehbarer Zeit wird dieses Verhältnis so gelagert sein, daß kombinierter Transport vorzusehen ist. Bei dieser Lösung wird auch die Flugzeugindustrie sich möglichst früh mit der Konstruktion von zweckmäßigen Personenflugzeugen für den Nachtluftverkehr befassen müssen, deren wirtschaftlicher Einsatz in starkem Maße von der Mitnahme einnahmegünstiger Post und Fracht abhängig ist.

Die Organisation des Tag-Nachtluftverkehrs stellt die Ausnutzung des Flugzeugparks und des Flugpersonals unter neue Bedingungen. Sie sind günstig für den wirtschaftlichen Erfolg des Luftverkehrs, dagegen zum Teil ungünstig für die Arbeit des Flugpersonals. Zunächst wird wirtschaftlich gesehen eine bessere Ausnutzung des Flugzeugparks und auch meist des Flugpersonals

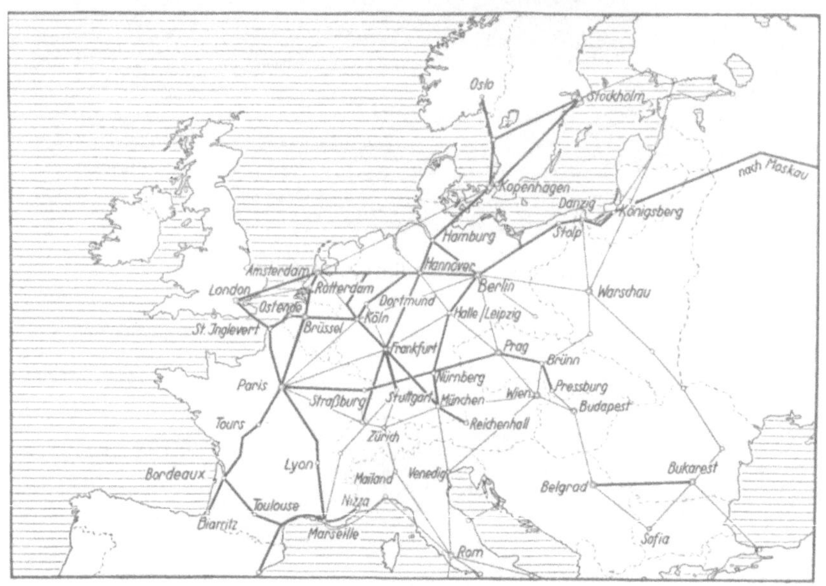


Abb. 29. Die Bodenorganisation des Luftliniennetzes in Europa im Jahr 1935
——— Befeuerte Strecken für Tag- und Nachtluftverkehr
——— Strecken nur für Tagluftverkehr

gegenüber dem reinen Tagluftverkehr sich ergeben. Andererseits wird das Flugpersonal im Nachtflug angestrengtere Arbeit zur Orientierung im Raum leisten müssen als zur Zeit des Tagflugs mit guter Sicht. Es werden daher die reinen Arbeitsschichten kürzer als beim Tagflug zu bemessen sein, so daß eine Personalvermehrung notwendig wird. Und damit das sich ablösende Personal sich während des Nachtflugs genügend ausruhen kann, wird besondere Sorgfalt auf gute Unterbringung und Verpflegung während des Fluges anzuwenden sein. Denn es ist eine in der Geschichte der Sicherheit auf Eisenbahnen bekannte Tatsache, daß in den Nachtstunden der Mensch besonders unter Ermüdungserscheinungen zu leiden hat. Eine pünktliche Beachtung der Sicherheitsvorschriften und Maßnahmen wird je nach der Konstitution des Menschen vielfach stark beeinträchtigt. Das Personal muß vor Antritt der Nachtschichten besonders gut ausgeruht sein, und die Arbeitsschicht darf nicht zu lange ausgedehnt werden. Wenn auch hierzu noch besondere Erfahrungen im Nachtluftverkehr gewonnen werden müssen, so wird doch von vornherein in der Personalbeanspruchung größte Vorsicht anzuwenden sein, um nicht unliebsame Erfahrungen in der Aufbauzeit zu machen.

Auf der anderen Seite ist die Beanspruchung des Flugpersonals und der Reisenden durch Luftbewegungen, wie Böen, zur Nachtzeit wesentlich geringer als zur Tageszeit. Die Erfahrungen im Nachtluftverkehr der Vereinigten Staaten von Amerika haben gezeigt, daß bei dem Fliegen in der Nacht eine wesentlich ruhigere Flugzeuglage gegeben ist als zur Tageszeit bei Sonnenschein, bei der die Bildung von vertikalen Böen das Flugzeug in vielfach für die Reisenden unangenehme Erschütterungen bringt. Auf diesen Umstand wird nicht zum wenigsten die starke Benutzung des Nachtluftverkehrs in den Vereinigten Staaten von Amerika zu bestimmten Jahreszeiten zurückgeführt. Am einschneidendsten ist jedoch der Nachtverkehr in der Personalverwendung für die Bodenorganisation, für die Abfertigung und für die Flugsicherung. Je nach der Verkehrs- und Betriebsdichte auf den Strecken kommt eine volle Besetzung der am Nachtluftverkehr beteiligten Bodenstellen für 24 Stunden oder eine Teilbesetzung für die Nachtzeit in Frage. Vor allem die Teilbesetzung stellt an die Zuverlässigkeit und Verantwortungsfreudigkeit des Bodenpersonals besonders hohe Anforderungen, da bei Verspätungen im Luftverkehr eine restlose Bedienung der Einrichtungen für die Flüge gewährleistet sein muß und das Personal hierzu selbst die nötigen verantwortlichen Entschlüsse zu fassen hat. Teilschichten zur Nachtzeit führen ferner zu verhältnismäßig schlechter Personalverwendung und zu höheren Personalkosten.

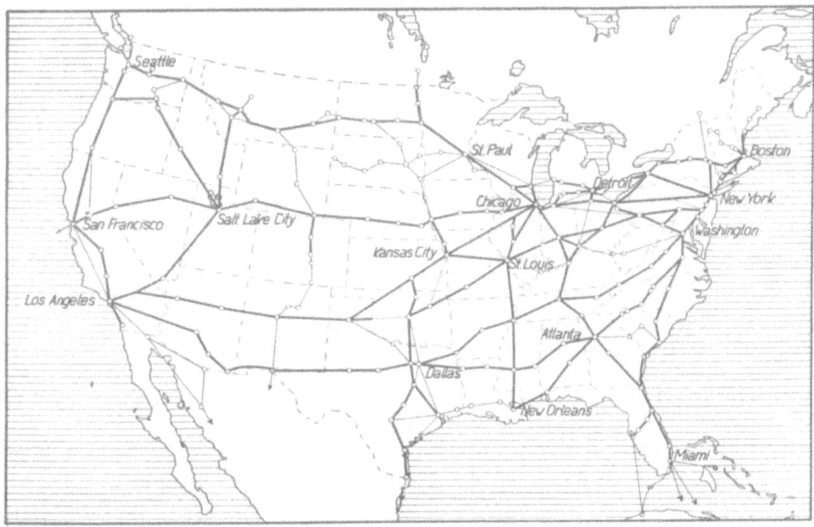


Abb. 30. Die Bodenorganisation des Luftliniennetzes in den Vereinigten Staaten von Amerika im Jahr 1935

——— Befeuerte Strecken für Tag- und Nachtluftverkehr
–·–·– Strecken nur für Tagluftverkehr

Betrachten wir das für den Nachtluftverkehr eingerichtete Luftverkehrsnetz von Europa und den Vereinigten Staaten von Amerika nach den Abb. 29 und 30, so kann ganz allgemein eine Struktur des heutigen Netzes festgestellt werden, die den Bedürfnissen für den Nachtluftverkehr und seinen Wirkungsbereich, wie wir ihn ermittelt haben, entspricht. In Europa ist das Nachtluftverkehrsnetz jedoch noch in starkem Maße eingerichtet nach den Flügen, die in der Tageszeit zwischen 6.00 Uhr morgens und 20.30 Uhr abends zu Zeiten der längeren Nächte im Jahre in die Dunkelheit der frühen Abendstunden hineinragen. Das erklärt in erster Linie gewisse Abweichungen des mit Befeuerung von Strecken und Flughäfen ausgestatteten Luftverkehrsnetzes Europas von dem Grundnetz für den Nachtluftverkehr 1. und 2. Ordnung. Immerhin entspricht das heute für den Nachtluftverkehr eingerichtete europäische Luftliniennetz für den kontinentalen Verkehr von Post und Fracht weitgehend dem Grundnetz für den Nachtluftverkehr. Dagegen sind die als Anfangs- und Endstrecken für den Weltluftverkehr anzusehenden Linien Europas, die als Nachtluftverkehrsstrecken 1. Ordnung bezeichnet wurden, noch in wesentlichen Teilen ohne die nötige Einrichtung für Nachtluftverkehr. Die zeitliche Entwicklung der Strecken für den Weltluftverkehr erklärt diesen Rückstand, der sobald als möglich behoben werden sollte, da die für den europäischen Nachtluftverkehr eingerichteten Strecken nur zu 50 % mit dem Grundnetz für den Nachtluftverkehr 1. Ordnung zusammenfallen.

Das für den Betrieb des Luftverkehrs zur Nachtzeit und bei Dunkelheit ausgebaute Luftverkehrsnetz in den Vereinigten Staaten von Amerika erschließt nicht allein die großen Raumweiten des Landes in günstiger Anpassung an die Verkehrsbedürfnisse und an die Leistungen der Erdverkehrsmittel, sondern es ist auch aufs beste für den Anschluß an die Weltluftverkehrslinien gerüstet. Wie sehr die Anpassung an die Verkehrsbedürfnisse durch den Ausbau von Nachtluftverkehrsstrecken im Innern der Union erfolgt ist, zeigen nicht allein die 4 Verbindungen zwischen der atlantischen und der pazifischen Küste, sondern vor allem die zahlreichen Nord-Südverbindungen, auf denen die Verkehrsbedienung durch die Eisenbahnen verhältnismäßig schlecht ist. Hier hat der Nachtluftverkehr wesentliche Verbesserungen für eine schnelle Beförderung von Personen, Post und Fracht gebracht. Nach Westen, Osten und Süden reichen leistungsfähig ausgebaute Nachtluftverkehrslinien bis an die Grenze des Landes und harren dort ihres Anschlusses an die Weltluftverkehrslinien. Die große politische Einheit der Vereinigten Staaten von Amerika hat auch in der Einrichtung des Nachtluftverkehrs eine klare, großzügige Entwicklung ermöglicht, und das in einer Zeit, in der seit Jahren auf dem politischen Schachbrett Europas die Staaten und die Luftverkehrsunternehmungen vor allem um den Ausbau der Anfangs- und Endstrecken der von Europa ausgehenden Weltluftverkehrslinien ringen müssen. Zwar wurde noch vor der Einrichtung der ersten Nachtluftverkehrsstrecke der Vereinigten Staaten von Amerika, die durch die Colonial Air Lines am 1. 4. 1927 zwischen New York und Boston erfolgte, von Deutschland die erste europäische Nachtluftverkehrsstrecke Berlin—Stolp am 5. 1. 1926 eröffnet. Aber dem europäischen Kontinent fehlte die Einheit und die Kraft des politischen Willens, diesen Vorsprung zu halten, trotz vielfach sehr energischer Bemühungen, die von den Postverwaltungen der verschiedenen Länder gemacht wurden, um zu einem geschlossenen Nachtluftverkehrsnetz für die Postbeförderung zu gelangen. Dieses Netz kam zwar 1930 zustande, aber inzwischen haben die Vereinigten Staaten von Amerika ihr gesamtes Luftverkehrsnetz mit Nachtluftverkehrslinien durchsetzt, deren organischer Aufbau uns in dem heutigen Luftliniennetz mit Streckenbefeuerung vor Augen steht.

Tabelle 10. **Befeuerte Strecken in Europa und den Vereinigten Staaten von Amerika im Verhältnis zur Gesamtstreckenlänge im Jahr 1935**

| Erdteil | Gesamte Streckenlänge km | Befeuerte Streckenlänge km | Verhältnis der befeuerten Strecke zur Gesamtstreckenlänge % |
|---|---|---|---|
| 1 | 2 | 3 | 4 |
| Europa . . . . . . . . . . . . . . . . . . | 43000 | 11700 | 27,2 |
| Vereinigte Staaten von Amerika . . . . . . | 45300 | 35300 | 78,0 |

Anm.: Nur kontinentales Streckennetz ohne Linien außerhalb des Kontinents bzw. des Landes.

Die Tabelle 10 gibt einen Überblick über den Stand der mit Nachtbeleuchtung ausgestatteten Linien des europäischen und amerikanischen Netzes im Verhältnis zum gesamten Luftverkehrsnetz der beiden Gebiete. Aus ihr ist die Bedeutung des Nachtluftverkehrs zwar nicht unmittelbar zu erkennen, wohl aber im Zusammenhang mit den Abb. 24, 29 und 30, die noch wenig einheitliche Ausgestaltung und die Lückenhaftigkeit des europäischen Nachtluftverkehrsnetzes gegenüber der Geschlossenheit und Vollständigkeit des Nachtluftverkehrsnetzes in den Vereinigten Staaten von Amerika.

## XI. Wirtschaftlichkeit des Nachtluftverkehrs

Die technischen und betrieblichen Grundlagen des Nachtluftverkehrs erfordern besondere technische Einrichtungen und organisatorische Maßnahmen, wenn der Nachtluftverkehr unter den gleichen Bedingungen der Sicherheit und Zuverlässigkeit wie der Tagluftverkehr durchgeführt werden soll. Dem Wert des Nachtluftverkehrs zur Förderung des Luftverkehrs allgemein und zur Befriedigung bestimmter Verkehrsbedürfnisse wird daher eine Untersuchung der Wirtschaftlichkeit des Nachtluftverkehrs gegenübergestellt werden müssen. Denn auch die Einrichtung des

Nachtluftverkehrs wird an den Nachweis gebunden sein, daß die für ihn einmalig und laufend gemachten Aufwendungen sich möglichst ebenso weit durch Einnahmen decken lassen wie im Tagluftverkehr. Die praktischen Erfahrungen in den Vereinigten Staaten von Amerika und in Europa bieten genügend Material, um diese Frage mit weitgehender Zuverlässigkeit beantworten zu können.

Tabelle 11. **Der Umfang des Luftverkehrs bei Tageslicht und Dunkelheit im Jahr 1935**

| Gebiet | Von den gesamten Flugkilometern entfallen auf | | |
|---|---|---|---|
| | Luftverkehr bei Tageslicht (6.00—18.30) % | Luftverkehr bei Dunkelheit: Übergangszeit in den Abendstunden (18.30—20.30) % | Luftverkehr bei Dunkelheit: Eigentliche Nachtzeit (20.30—6.00) % |
| 1 | 2 | 3 | 4 |
| Europa | 88 | 4 | 8 |
| Vereinigte Staaten von Amerika | 63 | 9 | 28 |

In den Vereinigten Staaten von Amerika wurden, wie Tabelle 11 zeigt, im Jahr 1935 im Nachtluftverkehr, also in der Zeit von 20.30—6.00 Uhr allein 28 % der gesamten Flugkilometerleistungen im Luftverkehr zurückgelegt. In die Tagesstunden von 6.00—20.30 Uhr, in denen bei Dunkelheit geflogen werden muß, entfallen 9 % der gesamten Flugkilometerleistungen im Luftverkehr. In Europa betragen die entsprechenden Anteile nur 8 % und 4 %. Der verhältnismäßig geringe Anteil des europäischen Nachtluftverkehrs an den gesamten Flugkilometerleistungen im Luftverkehr erklärt sich aus der in früheren Abschnitten erörterten Ungunst des europäischen Raums für den Nachtluftverkehr gegenüber den großen Vorzügen, die der Nachtluftverkehr in den großen Räumen der Vereinigten Staaten von Amerika aufweist. Er wird sich erhöhen mit dem Ausbau der Weltluftverkehrslinien für den Tag-Nachtluftverkehr und mit der organischen Ausgestaltung des kontinentalen Nachtluftverkehrsnetzes Europas. Etwa 150000 Personen sind im Jahr 1935 in den Vereinigten Staaten von Amerika im reinen Nachtluftverkehr befördert worden, davon rund 30000 in Schlafflugzeugen.

Tabelle 12. **Die vom Nachtluftverkehr abhängigen und unabhängigen Selbstkosten des Tagluftverkehrs, bezogen auf die Leistungseinheit oder den angebotenen Tonnenkilometer Nutzladefähigkeit und ausgedrückt in Prozent der Selbstkosten des Tagluftverkehrs**

| Kostenarten der Selbstkosten | Von den Selbstkosten des Tagluftverkehrs sind, auf die Leistungseinheit bezogen und in Prozent der Kosten des Tagluftverkehrs ausgedrückt, vom Nachtluftverkehr: abhängig | unabhängig |
|---|---|---|
| 1 | 2 | 3 |
| I. Veränderliche Kosten: | | |
| 1. Betriebsstoffe | | 13,5 |
| 2. Unterhaltung des Flugmaterials | | 10,7 |
| 3. Abschreibung der Motoren | | 5,9 |
| 4. Zubringerdienst | 1,2 | |
| 5. Start- und Landegebühren | 0,4 | |
| 6. Landeplatz- und Streckenbeleuchtung | — | — |
| 7. Fluggelder | 4,0 | |
| 8. Provisionen | | 1,6 |
| 9. Sonstige veränderliche Kosten | | 1,2 |
| II. Feste Kosten: | | |
| 1. Abschreibung und Unterhaltung der Bodenorganisation | 16,7 | |
| 2. Abschreibung der Flugzeugzellen | | 7,1 |
| 3. Zinsen | 2,0 | |
| 4. Versicherungen | | 5,1 |
| 5. Funk- und Wetterdienst | | 3,2 |
| 6. Flugleitung | | 11,1 |
| 7. Gehälter der Piloten und technischen Angestellten | | 4,0 |
| 8. Zentralverwaltung | | 10,3 |
| 9. Werbekosten | | 2,0 |
| Insgesamt: | 24,3 | 75,7 |

Der Nachtluftverkehr Europas dient bis heute nur der Beförderung von Post und Fracht. Nur im transozeanen Verkehr Deutschland—Südamerika werden im Nachtluftverkehr mit den Luftschiffen der deutschen Zeppelin-Reederei Friedrichshafen Personen befördert, während die Flugzeuge auf dieser Strecke nur dem Post- und Frachtverkehr dienen. Die Entwicklungszelle für den Weltluftverkehr, Europa, hat daher bisher noch geringen Anteil an dem Nachtluftverkehr der Welt, zumal die von Europa nach Südostasien und Afrika gehenden Transkontinentallinien im reinen Tagluftverkehr beflogen werden, da der Ausbau der Bodenorganisation für den Tag-Nachtluftverkehr noch im Anfangsstadium sich befindet.

Bei dieser Sachlage, die eine Entwicklung des Nachtluftverkehrs in Europa für die nächste Zukunft bringen wird, interessiert es besonders, sich Rechenschaft darüber zu geben, welche Mehrkosten etwa der Nachtluftverkehr gegenüber dem Tagluftverkehr verursacht. Es werden zu diesem Zweck zunächst die Kostenarten der Selbstkosten im Tagluftverkehr, die vom Nachtluftverkehr beeinflußt oder von ihm abhängig sind, zu trennen sein von denjenigen Kostenarten, die vom Nachtluftverkehr nicht beeinflußt also von ihm unabhängig sind. Nach Untersuchung der Anlagekosten und laufenden Kosten für die Beleuchtung im Nachtluftverkehr werden dann unter Auswertung der in Heft 6 der Forschungsergebnisse enthaltenden Angaben über die Bodenorganisation im Nachtluftverkehr die Selbstkosten für den Nachtluftverkehr im Vergleich zum Tagluftverkehr ermittelt werden. Ihr Unterschied zeigt die Mehrkosten, die der Nachtluftverkehr gegenüber dem reinen Tagluftverkehr verursacht.

Was zunächst die Kostenarten des Tagluftverkehrs anbelangt, die vom Nachtluftverkehr abhängig oder unabhängig sind, enthält Tabelle 12 eine Gegenüberstellung dieser Kosten. Es

Tabelle 13. **Die Kosten für die Beleuchtung im Nachtverkehr**

| Kostenarten und Beleuchtungszweck | Eisenbahnen | | | |
|---|---|---|---|---|
| | Gegenstand der Beleuchtungsanlage | Beleuchtungskosten | | |
| | | je Streckenkilometer RM | je Transporteinheit RM | je angebotener Platz RM |
| 1 | 2 | 3 | 4 | 5 |
| A. Beleuchtungskosten aus Gründen der Sicherheit von Betrieb und Verkehr | | | | |
| I. Beleuchtungskosten zur Sicherung der Bewegungsvorgänge der Transporteinheiten und Fahrzeuge | Beleuchtung der Betriebsanlagen, der Bahnhöfe, Signallaternen, Weichenlaternen, Zugsignale | | | |
| 1. Anlagekosten für | | | | |
| a) ortsfeste Anlagen | | 2875 | | |
| b) bewegliche Anlagen | | | 2240 | |
| 2. Laufende jährliche Kosten[1]) | | | | |
| a) ortsfeste Anlagen | | 1800 | | |
| b) bewegliche Anlagen | | | 230 | |
| II. Beleuchtungskosten zur Sicherung der Abfertigungsvorgänge für den Personen- und Güterverkehr | Beleuchtung d. Verkehrsanlagen wie Empfangsgebäude, Bahnsteige, Güterschuppen, Freiladestraßen | | | |
| 1. Anlagekosten | | 1400 | | |
| 2. Laufende jährliche Kosten[1]) | | 850 | | |
| B. Beleuchtungskosten aus Gründen der Annehmlichkeit und Bequemlichkeit des Verkehrs zur Beleuchtung der Fahrgasträume während der Fahrt | Innenbeleuchtung der Personenwagen | | | |
| 1. Anlagekosten | | | | 55 |
| 2. Laufende jährliche Kosten[1]) | | | | 18 |

[1]) Zu den laufenden jährlichen Kosten sind gerechnet: Verzinsung, Abschreibung, Unterhaltung und
[2]) Für die Autobahn ist als Transportmittel ein Personenkraftwagen und ein Omnibus zugrunde gelegt,

Anm.: Für die Beleuchtung von Binnenwasserstraßen betragen nach dem Beispiel des Nordostsee- die Anlagekosten für ortsfeste Anlagen pro km . . . . . . . . . . . . . 7050,— RM

(Angaben des Reichs-

ist hierbei die Selbstkostenanalyse für den Tagluftverkehr für die verschiedenen Kostenarten in Prozent der Gesamtkosten je angebotenes tkm Nutzladefähigkeit für den reinen Tagluftverkehr daraufhin untersucht, welche dieser Kostenarten bei reinem Nachtluftverkehr beeinflußt, und zwar erhöht werden, so daß nur dieser Einfluß zu behandeln ist. Nach Tabelle 12 sind 24,3 % der Selbstkosten des Tagluftverkehrs abhängig und 75,7 % unabhängig vom Nachtluftverkehr, so daß rund ein Viertel der Selbstkosten im Luftverkehr vom Nachtluftverkehr beeinflußt wird. Am stärksten ist hieran beteiligt die Verzinsung, Abschreibung und Unterhaltung der Bodenorganisation auf Flughäfen und Strecken. Und da diese Kosten im wesentlichen feste Kosten sind, die ohne Rücksicht auf den Verkehrsumfang zur Nachtzeit anfallen, so belasten sie den Nachtluftverkehr zweifellos ungünstig. Die veränderlichen Kosten sind verhältnismäßig wenig an den vom Nachtluftverkehr abhängigen Kosten beteiligt. Drei Viertel der Selbstkosten für das angebotene tkm Nutzladefähigkeit im Tagluftverkehr fallen in gleicher Stärke beim Nachtluftverkehr an.

In welchen absoluten Werten sich die vom Nachtluftverkehr abhängigen Kostenarten ändern, bedarf einer näheren Untersuchung. Da hierzu die Beleuchtungskosten einen sehr wesentlichen Faktor darstellen, so interessiert zunächst ganz allgemein die Frage, welche Kosten die Beleuchtung für den Nachtluftverkehr auf Fluglinien im Vergleich zu den Beleuchtungskosten auf Eisenbahnen, Autobahnen und Binnenwasserstraßen verursacht, um aus diesem Vergleich die Unterschiede für die verschiedenen Verkehrsmittel zu erkennen. Die künstliche Beleuchtung, die zur Nachtzeit zur Orientierung im Raum das Tageslicht ersetzen soll, ist die wichtigste technische Maßnahme, die der Verkehr bei Dunkelheit überhaupt verlangt, der gegenüber andere technische Maßnahmen für den Nachtluftverkehr zurücktreten. Über ihre Kosten gibt Tabelle 13 Aufschluß.

**der Eisenbahnen, Autobahnen und Fluglinien im Jahr 1934**

| Autobahnen[2]) | | | | Fluglinien | | | |
|---|---|---|---|---|---|---|---|
| | Beleuchtungskosten | | | | Beleuchtungskosten | | |
| Gegenstand der Beleuchtungsanlage | je Streckenkilometer RM | je Transporteinheit RM | je angebotener Platz RM | Gegenstand der Beleuchtungsanlage | je Streckenkilometer RM | je Transporteinheit RM | je angebotener Platz RM |
| 6 | 7 | 8 | 9 | 10 | 11 | 12 | 13 |
| Stationäre Beleuchtung<br>a) Fahrbahn<br>b) Wegezeichen<br>Fahrzeugbeleuchtung | | | | Beleuchtung d. Betriebsanlagen d. Flughäfen u. Hilfslandeplätze, Streckenbefeuerung, Hindernisfeuer | | | |
| | 20000 | | | | 1300 | | |
| | | 270<br>(670) | | | | 2100 | |
| | 6360 | | | | 490 | | |
| | | 100<br>(200) | | | | 410 | |
| | | | | Beleuchtung der Verkehrsanlagen, wie Empfangsgebäude, Flugsteige | | | |
| | | | | | 20<br>5 | | |
| Innenbeleuchtung der Personenkraftwagen | | | | Innenbeleuchtung der Flugzeuge für Personenverkehr | | | |
| | | | 7 (5)<br>1 (1) | | | | 20<br>4 |

Betrieb der Beleuchtungsanlagen.
dabei beziehen sich die Werte in Klammern auf den Omnibus.

kanals zu A, I.
die laufenden jährlichen Kosten für ortsfeste Anlagen pro km . . . . . 1425,— RM.
kanalamts in Kiel.)

Die Beleuchtung für den Nachtverkehr dient grundsätzlich zwei verschiedenen Zwecken. Sie ist erstens nötig aus Gründen der Sicherheit zur Sicherung der Bewegungs- und Abfertigungsvorgänge auf den Strecken und Bahnhöfen oder Flughäfen und zweitens aus Gründen der Annehmlichkeit und Bequemlichkeit für die Reisenden während der Fahrt oder des Flugs. Während der zweite Zweck nicht lebenswichtig für die Möglichkeit des Nachtverkehrs überhaupt ist, ist ohne die Erfüllung des ersten Zweckes ein Nachtverkehr ausgeschlossen. Vor allem ist die Sicherung der Bewegungsvorgänge von Transporteinheiten und Einzelfahrzeugen durch künstliche Beleuchtung und Kennzeichnung von Flächen, auf denen die Vorgänge stattfinden sollen, notwendig. Hierzu gehört die Beleuchtung von Strecken, Bahnhöfen und Flughäfen, die Anbringung von Lichtsignalen an bestimmten Bodenpunkten und an den Transporteinheiten zur Abstandsregelung der Bewegungsvorgänge und zur Verhinderung von Zusammenstößen. Diesen Beleuchtungsvorrichtungen gegenüber sind die Beleuchtungsanlagen für die Abfertigung von Personen und Gütern zwar von geringerer Bedeutung, aber sie sind für einen sicheren Übergang von Personen und Gütern bei Benutzung von Verkehrsmitteln nicht zu entbehren. Hierzu ist die Beleuchtung von Empfangsgebäuden, Bahnsteigen, Flugsteigen, Güterschuppen und Ladestraßen zu rechnen. Schließlich ist vom Standpunkt der Annehmlichkeit und Bequemlichkeit der Reisenden eine Beleuchtung der Fahrgasträume bei Dunkelheit während der Fahrt erforderlich, die nach dem Bedürfnis der Reisenden an- und abgestellt werden kann. Ihre Kosten belasten daher nur den Personenverkehr.

Nach dieser Unterteilung sind in Tabelle 13 für die hauptsächlichsten Verkehrsmittel, Eisenbahnen, Autobahnen und Fluglinien, die Anlagekosten und die laufenden jährlichen Kosten für die Beleuchtung im Nachtverkehr aufgestellt. Dabei sind alle ortsfesten Beleuchtungsanlagen auf das Kilometer Strecke, alle beweglichen Beleuchtungsanlagen auf die Transporteinheit oder auf den angebotenen Platz der Fahrgasträume bezogen. Im Binnenwasserstraßenverkehr ist nur in Ausnahmefällen Nachtverkehr eingeführt, da dieser ganz erhebliche Mehrkosten für die dann erforderliche doppelte Besatzungsstärke verursachen würde, die bei der geringen Belastbarkeit der im Wasserverkehr beförderten Massengüter durch Transportkosten sich nur in den seltensten Fällen lohnen. Die Beleuchtungskosten einer Binnenwasserstraße wurden daher in einer Fußnote der Tabelle 13 lediglich nachrichtlich für den Nordostseekanal angegeben, der einer von den wenigen Kanälen ist, die Tag-Nachtverkehr haben und für diesen Verkehr technisch ausgestattet sind.

Zwischen den Eisenbahnen einerseits und den Autobahnen und Fluglinien andererseits besteht in der ortsfesten Beleuchtung der Strecken insofern ein grundsätzlicher Unterschied, als auf den Eisenbahnen die Spurführung der Gleise die Bewegungsvorgänge sichert, während auf Autobahnen und Fluglinien der Weg zur Einhaltung der richtigen Fahrtrichtung beleuchtet oder durch Leuchtfeuer gekennzeichnet sein muß. Es ist eine zwar heute noch nicht ganz gelöste Frage, ob Autobahnen mit Rücksicht auf die hohen Fahrgeschwindigkeiten beleuchtet sein müssen, oder ob die sichere Wegfindung den Beleuchtungsanlagen der Kraftwagen überlassen werden kann. Es ist jedoch für unsere Untersuchung sehr aufschlußreich, den ungünstigsten und teuersten Fall einer Autobahnbeleuchtung, die als Flächenbeleuchtung bezeichnet werden kann, zu untersuchen, und ihm eine Beleuchtung des Wegs durch die Scheinwerfer der Kraftwagen gegenüberzustellen. Die Freiheit des Luftraums gestattet für die Kennzeichnung des Luftwegs auf Strecken und Flughäfen zur Nachtzeit verhältnismäßig weiträumig verteilte Beleuchtungsanlagen, so daß eine Flächenbeleuchtung nur für die Flughäfen notwendig ist, über deren Einzelkosten der Beleuchtung Tabelle 14 näheren Aufschluß gibt. Im großen Raum gesehen kann die ortsfeste Beleuchtung im Luftverkehr als Punktbeleuchtung angesprochen werden. Damit entspricht die Beleuchtungsmethode im Luftverkehr weitgehend derjenigen auf Eisenbahnen, da auch auf ihnen eine Flächenbeleuchtung nur auf Bahnhöfen notwendig ist, nicht aber auf den Strecken, auf denen lediglich eine Kennzeichnung durch Lichtsignale in Frage kommt.

Diese charakteristischen Unterschiede in den Beleuchtungsanlagen für den Nachtverkehr der verschiedenen Verkehrsmittel kommen in den Kosten der Beleuchtung, wie sie in Tabelle 13 enthalten sind, deutlich zum Ausdruck. Die auf Autobahnen etwa notwendig werdende Streckenbeleuchtung der Fläche erfordert erheblich größere Anlage- und laufende jährliche Kosten als die Punktbeleuchtung auf Eisenbahnen und Luftverkehrslinien. Andererseits ist es in der technischen Eigenart

Tabelle 14. **Die Kosten der Beleuchtung für Flughäfen und Strecken im Nachtluftverkehr in Europa**

| Kostenarten | Flughafen RM | Strecke RM je km |
|---|---|---|
| 1 | 2 | 3 |
| I. Anlagekosten für die Beleuchtungseinrichtung: | | |
| a) Für einen Flughafen | 135000,— | |
| b) Für 1 km Strecke einschl. Hilfslandeplatzbefeuerung | | 850,— |
| II. Laufende Kosten (Kosten für Unterhaltung, Betrieb, Verzinsung und Abschreibung der Beleuchtungsanlagen): | | |
| a) Für einen Flughafen je 1 Stunde Beleuchtung | 26,50 | |
| b) Für 1 km Strecke je 1 Stunde Beleuchtung | | 0,11 |

des Nachtluftverkehrs begründet, daß die Punktbeleuchtung je Kilometer Strecke im Luftverkehr geringere Kosten verursacht als die Punktbeleuchtung im Eisenbahnverkehr.

Die Kosten, die die auf den Transporteinheiten befindlichen beweglichen Beleuchtungsanlagen verursachen und sich auf Zugsignale, Lokomotivbeleuchtung, Kraftwagenbeleuchtung, Positionslichter und Scheinwerfer der Flugzeuge beziehen, sind bei den Eisenbahnfahrzeugen und Flugzeugen nahezu gleich, bei den Kraftwagen dagegen wesentlich niedriger, da bei diesen die Beleuchtungsanlage aus wenigen Teilen besteht und in Konstruktion und Kraftquelle sehr einfach gehalten werden kann.

Die Beleuchtungskosten zur Sicherung der Abfertigungsvorgänge für den Personen- und Güterverkehr sind in stärkstem Maße abhängig von dem Umfang des Verkehrs, den die verschiedenen Verkehrsmittel zu bewältigen haben. Sie sind daher bei den Eisenbahnen am größten und beim Luftverkehr am kleinsten. Für den Kraftwagenverkehr wird im Laufe der Zeit die Einrichtung von besonderen Bahnhöfen notwendig werden, deren Beleuchtung zur Nachtzeit Zusatzkosten für die Autobahnen verursachen wird. In der Tabelle 13 sind sie noch nicht aufgeführt, da ihre Höhe noch nicht übersehbar ist.

Den geringsten Unterschied zeigen die Kosten zur Beleuchtung der Fahrgasträume im Personenverkehr, da hier für alle Verkehrsmittel die gleiche und ausreichende Beleuchtungsanlage für den angebotenen Platz notwendig wird.

Überschauen wir die Kosten für die Beleuchtung des Nachtverkehrs, so verursacht die Beleuchtung zur Sicherung der Bewegungsvorgänge auf Strecken, Bahnhöfen und Flughäfen die höchsten Kosten, denen gegenüber die Kosten zur Sicherung der Abfertigungsvorgänge stark zurücktreten und erst bei großem Verkehrsumfang zu Buch schlagen. Die Beleuchtung der Fahrgasträume bringt Ausgaben mit sich, die unmittelbar von dem Umfang des Personenverkehrs abhängen oder von der Zahl der zur Zeit der Dunkelheit angebotenen Plätze.

Ganz allgemein sind vom Verkehrsumfang im wesentlichen unabhängig die Anlagekosten für die Beleuchtungsanlage auf Strecken, Bahnhöfen, Flughäfen und auf den Transporteinheiten. Von dem Verkehrsumfang im wesentlichen abhängig sind die laufenden jährlichen Kosten für die Unterhaltung und den Betrieb der Beleuchtungsanlagen. Hieraus ergibt sich heute noch eine verhältnismäßig hohe Belastung des Nachtluftverkehrs durch die Kosten der Beleuchtungsanlagen auf Strecken, Flughäfen und Flugzeugen, deren Höhe sich mit der Zunahme des Luftverkehrs für das angebotene tkm senken wird. Im übrigen aber liegt der Nachtluftverkehr, was die Beleuchtungskosten anbelangt, durchaus nicht ungünstig im Vergleich zu den übrigen Verkehrsmitteln. Er kommt nach Beleuchtungsmethode wie nach Beleuchtungskosten dem Eisenbahnverkehr am nächsten.

Auf Grund der Feststellungen über die vom Nachtluftverkehr abhängigen und unabhängigen Kostenarten des Tagluftverkehrs und der Einzeluntersuchungen über die Beleuchtungskosten beim Nachtluftverkehr kann nun die Analyse der Selbstkosten je angebotenes tkm Nutzladefähigkeit im Tag- und Nachtluftverkehr durchgeführt werden, um die etwaigen Mehrkosten des Nachtluftverkehrs zu erhalten. Zur Erzielung eines möglichst klaren Vergleichsbildes wurden die Selbstkosten des Tagluftverkehrs den Selbstkosten des Nachtluftverkehrs auf einer 1500 km langen Luft-

Tabelle 15. **Die Analyse der Selbstkosten je angebotenes Tonnenkilometer Nutzladefähigkeit im Tag- und**

| Kostenarten | Die Selbstkosten betragen im reinen | | | |
|---|---|---|---|---|
| | Tagluftverkehr | | Nachtluftverkehr | |
| | Bei 1 Verkehrsgelegenheit zur Tagzeit | | Bei 1 Verkehrsgelegenheit zur Nachtzeit | |
| | RM/tkm | % | RM/tkm | % |
| 1 | 2 | 3 | 4 | 5 |
| I. Veränderliche Kosten: | | | | |
| 1. Betriebsstoffe | 0,34 | 13,5 | 0,34 | 11,7 |
| 2. Unterhaltung des Flugmaterials | 0,27 | 10,7 | 0,27 | 9,3 |
| 3. Abschreibung der Motoren | 0,15 | 5,9 | 0,15 | 5,2 |
| 4. Zubringerdienst | 0,03 | 1,2 | 0,03 | 1,0 |
| 5. Start- und Landegebühren | 0,01 | 0,4 | 0,01 | 0,3 |
| 6. Landeplatz- und Streckenbeleuchtung | — | — | 0,21 | 7,2 |
| 7. Fluggelder | 0,10 | 4,0 | 0,15 | 5,2 |
| 8. Provisionen | 0,04 | 1,6 | 0,04 | 1,4 |
| 9. Sonstige veränderliche Kosten | 0,03 | 1,2 | 0,03 | 1,0 |
| Summe der veränderlichen Kosten | 0,97 | 38,5 | 1,23 | 42,3 |
| II. Feste Kosten: | | | | |
| 1. Unterhaltung und Abschreibung der Bodenorganisation | 0,42 | 16,7 | 0,51 | 17,5 |
| 2. Abschreibung der Flugzeugzellen | 0,18 | 7,1 | 0,18 | 6,2 |
| 3. Zinsen | 0,05 | 2,0 | 0,09 | 3,1 |
| 4. Versicherungen | 0,13 | 5,1 | 0,13 | 4,5 |
| 5. Funk- und Wetterdienst | 0,08 | 3,2 | 0,08 | 2,8 |
| 6. Flugleitung | 0,28 | 11,1 | 0,28 | 9,6 |
| 7. Gehälter der Piloten und technischen Angestellten | 0,10 | 4,0 | 0,10 | 3,4 |
| 8. Zentralverwaltung | 0,26 | 10,3 | 0,26 | 8,9 |
| 9. Werbekosten | 0,05 | 2,0 | 0,05 | 1,7 |
| Summe der festen Kosten | 1,55 | 61,5 | 1,68 | 57,7 |
| Gesamtkosten | 2,52 | 100 | 2,91 | 100 |
| Mehrkosten im Nachtluftverkehr in RM/tkm | | | 0,39 | |
| Mehrkosten im Nachtluftverkehr in Prozent der Kosten für den Tagluftverkehr | | | 15,5% | |

verkehrslinie bei verschiedener Verkehrsdichte gegenübergestellt. Unter der Verkehrsdichte sind dabei die Verkehrsgelegenheiten im Hin- und Rückflug zu verstehen, die heute im normalen Tagluftverkehr auf einer Linie durchschnittlich geboten werden. Sowohl für den Tag- wie für den Nachtluftverkehr ist das gleiche Flugzeug mit 1,5 t Nutzladefähigkeit der Untersuchung zugrunde gelegt. Es erhöhen sich dann für die Verkehrsleistungseinheit oder das angebotene tkm nur die Kosten im Nachtluftverkehr, die wir als abhängig von ihm bezeichnet und kennengelernt haben, während die Höhe aller anderen Kostenarten im Nachtluftverkehr gleich derjenigen im Tagluftverkehr ist.

Diese für ein und dieselbe Strecke und das gleiche Flugzeug durchgeführte Untersuchungsmethode entspricht zwar nicht genau dem Vorgang im praktischen Luftverkehrsbetrieb, denn es wird sich bei der Einführung des Nachtluftverkehrs auf einer bisher im Tagluftverkehr betriebenen Luftverkehrslinie in der Regel darum handeln, zu den bisherigen Luftverkehrsgelegenheiten bei Tag weitere Luftverkehrsgelegenheiten bei Nacht einzusetzen. Dabei ergibt sich insgesamt für diese Luftverkehrslinie eine dichtere Belegung der Strecke mit Flügen als im bisherigen Tagluftverkehr und damit auch eine Senkung der festen Selbstkosten für das angebotene tkm Nutzladefähigkeit gegenüber dem Tagluftverkehr, eine Senkung, die sowohl dem Tag- wie dem Nachtluftverkehr zugute kommt. Auch ist anzunehmen, daß die Ausnutzung des Flugzeugparks und des Personals sich auf gewissen Linien im Tag-Nachtluftverkehr verhältnismäßig besser gestaltet als im reinen Tagluftverkehr, so daß auch hierdurch noch, wenn auch geringe, Senkungen der Selbstkosten zu erwarten sind. Die Ermittlung aller dieser im Bereich des möglichen liegenden Senkungen der Kosten könnten aber immer nur für eine bestimmte Strecke und einen praktischen Betriebsfall durchgeführt werden, so daß sie einer allgemeinen Gültigkeit entbehren.

**Nachtluftverkehr bei verschiedener Verkehrsdichte auf dem kontinentalen Streckennetz in Europa im Jahr 1934**

| Die Selbstkosten betragen im reinen | | | | | | | |
|---|---|---|---|---|---|---|---|
| Tagluftverkehr | | Nachtluftverkehr | | Tagluftverkehr | | Nachtluftverkehr | |
| Bei 2 Verkehrsgelegenheiten zur Tagzeit | | Bei 2 Verkehrsgelegenheiten zur Nachtzeit | | Bei 3 Verkehrsgelegenheiten zur Tagzeit | | Bei 3 Verkehrsgelegenheiten zur Nachtzeit | |
| RM/tkm | % | RM/tkm | % | RM/tkm | % | RM/tkm | % |
| 6 | 7 | 8 | 9 | 10 | 11 | 12 | 13 |
| 0,34 | 18,1 | 0,34 | 15,6 | 0,34 | 20,1 | 0,34 | 17,4 |
| 0,25 | 13,3 | 0,25 | 11,5 | 0,24 | 14,2 | 0,24 | 12,3 |
| 0,15 | 8,0 | 0,15 | 6,9 | 0,15 | 8,9 | 0,15 | 7,7 |
| 0,02 | 1,1 | 0,02 | 0,9 | 0,02 | 1,2 | 0,02 | 1,0 |
| 0,01 | 0,5 | 0,01 | 0,5 | 0,01 | 0,6 | 0,01 | 0,5 |
| — | — | 0,18 | 8,3 | — | — | 0,17 | 8,7 |
| 0,10 | 5,3 | 0,15 | 6,9 | 0,10 | 5,9 | 0,15 | 7,7 |
| 0,04 | 2,1 | 0,04 | 1,8 | 0,04 | 2,4 | 0,04 | 2,1 |
| 0,02 | 1,1 | 0,02 | 0,9 | 0,02 | 1,2 | 0,02 | 1,0 |
| 0,93 | 49,5 | 1,16 | 53,3 | 0,92 | 54,5 | 1,14 | 58,4 |
| 0,21 | 11,2 | 0,26 | 11,9 | 0,14 | 8,3 | 0,17 | 8,7 |
| 0,12 | 6,4 | 0,12 | 5,5 | 0,12 | 7,1 | 0,12 | 6,1 |
| 0,03 | 1,6 | 0,05 | 2,3 | 0,03 | 1,8 | 0,04 | 2,1 |
| 0,09 | 4,8 | 0,09 | 4,1 | 0,08 | 4,7 | 0,08 | 4,1 |
| 0,06 | 3,2 | 0,06 | 2,7 | 0,05 | 2,9 | 0,05 | 2,6 |
| 0,18 | 9,5 | 0,18 | 8,3 | 0,15 | 8,9 | 0,15 | 7,7 |
| 0,06 | 3,2 | 0,06 | 2,7 | 0,04 | 2,3 | 0,04 | 2,1 |
| 0,16 | 8,5 | 0,16 | 7,4 | 0,13 | 7,7 | 0,13 | 6,7 |
| 0,04 | 2,1 | 0,04 | 1,8 | 0,03 | 1,8 | 0,03 | 1,5 |
| 0,95 | 50,5 | 1,02 | 46,7 | 0,77 | 45,5 | 0,81 | 41,6 |
| 1,88 | 100 | 2,18 | 100 | 1,69 | 100 | 1,95 | 100 |
| | | 0,30 | | | | 0,26 | |
| | | 16% | | | | 15,4% | |

Die gewählte Untersuchungsmethode ergibt demgegenüber eine allgemein gültige und klare Scheidung der Selbstkosten im Tag- und Nachtluftverkehr, doch ist ihr eigentümlich, daß die im Nachtluftverkehr ermittelten Mehrkosten gegenüber dem Tagluftverkehr ein Höchstmaß darstellen, das im allgemeinen aus den obenerwähnten Gründen im praktischen Luftverkehrsbetrieb um ein gewisses Maß unterschritten werden wird. Dafür liefert die gewählte Untersuchungsmethode aber auch andererseits Werte, die klar erfaßbar und nicht gebunden sind an Besonderheiten, die schließlich jede Luftverkehrslinie im Rahmen eines größeren Luftverkehrsnetzes und als Glied für die gesamte Betriebsdisposition aufweist, und die einer allgemeinen Beurteilung schwer zugänglich sind. Haben wir auf diese Weise die höchstmöglichen Mehrkosten des Nachtluftverkehrs gegenüber dem Tagluftverkehr festgestellt, so kann von ihnen aus der wirtschaftliche Wert des Nachtluftverkehrs ganz allgemein konkreter beurteilt werden als von dem schwankenden Boden einer von zahlreichen Eigenarten der einzelnen Verkehrslinien abhängigen Selbstkostenermittlung. Das hindert naturgemäß nicht, daß in einem praktischen Luftverkehrsbetrieb diesen Besonderheiten und ihrem Einfluß auf die Selbstkosten nachgegangen wird, wenn es sich darum handelt, auf bestimmten Strecken den Nachtluftverkehr einzurichten.

In Tabelle 15 ist das Ergebnis der Untersuchungen, die auf praktischen Erfahrungen im Luftverkehr aufgebaut werden konnten[1]), enthalten. Sowohl für den Tagluftverkehr wie für den Nachtluftverkehr wurde jedesmal die gleiche Verkehrsdichte in Gestalt eines einmaligen, zweimaligen und

[1]) Bardel, „Le prix de revient des transports aériens", in: L'Aéronautique Nr. 196, Paris 1935. — Schwedisches Verkehrsministerium, Abt. Luftfahrt, „Utredning rörande Reguljär Luftfart samt Luftfartsmyndighetens Organisation", Stockholm 1934.

dreimaligen Hin- und Rückflugs zugrunde gelegt, um die Selbstkosten in Abhängigkeit von dem Verkehrsumfang zu bestimmen. Der Nachtluftverkehr verursacht für das angebotene tkm Nutzladefähigkeit höhere Kosten bei folgenden Kostenarten: Landeplatz- und Streckenbeleuchtung, Fluggelder, Unterhaltung und Abschreibung für die Bodenorganisation und Zinsen für die ortsfesten und beweglichen Beleuchtungsanlagen. Die Kosten für die Beleuchtung sind am stärksten an den Mehrkosten beteiligt. Die absoluten Mehrkosten je angebotenes tkm Nutzladefähigkeit bewegen sich zwischen 0,26 und 0,39 RM. und nehmen naturgemäß mit der Zunahme der Verkehrsdichte ab. Das entspricht einer Erhöhung der Selbstkosten des Tagluftverkehrs durch den Nachtluftverkehr von 15—16 %. In Abb. 31 ist die Tendenz der Selbstkosten und der Mehrkosten im Nachtluftverkehr in Abhängigkeit von der Verkehrsdichte auf Grund der Tabelle 15 nochmals anschaulich dargestellt.

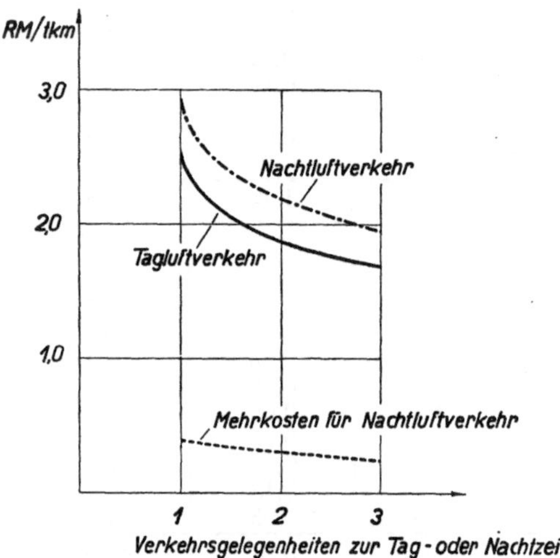


Abb. 31. Die Selbstkosten je angebotenes tkm Nutzladefähigkeit im Tagluftverkehr und im Nachtluftverkehr in Abhängigkeit von der Zahl der Verkehrsgelegenheiten auf europäischen Kontinentalstrecken im Jahr 1934

Berücksichtigen wir, daß diese Mehrkosten im Nachtluftverkehr und ihr Ausmaß im Verhältnis zu den Kosten des Tagluftverkehrs ein Höchstmaß darstellen, das im praktischen Luftverkehrsbetrieb nicht erreicht werden wird, so können wir den sehr wichtigen Schluß ziehen, daß die Erhöhung der Selbstkosten im Nachtluftverkehr sich in Grenzen bewegt, die durchaus tragbar und dem Wert des Nachtluftverkehrs für die allgemeinen Verkehrsbedürfnisse angepaßt sind. Es ist dabei durchaus möglich, daß keine Zuschläge für die Nachtbeförderung von Post und Fracht erhoben zu werden brauchen. Dagegen wird im Personenverkehr eine Zusatzgebühr nach Art der Schlafwagengebühr auf Eisenbahnen neben den eigentlichen Tarifen für den Luftverkehr eingesetzt werden können. Sie wird es gestatten, die Mehrkosten im Nachtluftverkehr zur Beförderung von Personen ganz oder teilweise durch Mehreinnahmen zu decken. Die weitere Entwicklung des Nachtluftverkehrs wird in dieser Hinsicht endgültige Grundlagen für eine zweckmäßige Preisbildung bringen.

Vergleichen wir die Mehrkosten im Nachtluftverkehr, die die Selbstkosten gegenüber dem Tagluftverkehr um höchstens 15—16% erhöhen können, mit den Mehrkosten des Schnellverkehrs in der Luft, die nach den Untersuchungen in Heft 9 der Forschungsergebnisse für das angebotene tkm 22 % der Kosten des normalen Luftverkehrs betragen, so ist der Schluß und die Forderung wirtschaftlich berechtigt, nicht allein durch die Einrichtung des Schnellverkehrs in der Luft, sondern auch durch den Nachtluftverkehr eine Beschleunigung des Transports im Luftverkehr anzustreben. Beides liegt im Interesse der Verbesserung der Wirtschaftlichkeit des Luftverkehrsbetriebs. Auf welchen Strecken dies geschehen kann, ist im Grundnetz für den Nachtluftverkehr Europas festgelegt und für das Weltluftverkehrsnetz behandelt worden.

Der Entschluß, Nachtluftverkehrslinien einzurichten, wird für die Luftverkehrsgesellschaften, abgesehen von der Möglichkeit einer Erhöhung des Verkehrsvolumens, die der Nachtluftverkehr mit sich bringen kann, nicht zum wenigsten davon bestimmt werden, ob und wieweit sie die Mehrkosten für den Nachtluftverkehr zu tragen oder durch Verkehrseinnahmen zu decken haben. Nach der heute in allen Ländern vorliegenden Beteiligung der Luftverkehrsunternehmungen und der Allgemeinheit an der Deckung der Selbstkosten wird die Beleuchtung der Flughäfen und -strecken kostenmäßig von der Allgemeinheit übernommen, und nur die Mehrkosten der Fluggelder und gewisse für den Nachtluftverkehr notwendige Einrichtungen der Luftfahrzeuge gehen zu Lasten der Luftverkehrsunternehmungen. Es ergibt sich dann eine anteilsmäßige Beteiligung der Luftverkehrsunternehmungen und der Allgemeinheit an der Deckung der Selbstkosten, wie sie in Tabelle 16 auf Grund der Tabelle 15 ermittelt und niedergelegt ist. In ihr kommt klar zum Aus-

Tabelle 16. **Anteilmäßige Beteiligung der Luftverkehrsunternehmungen und der Allgemeinheit an der Deckung der Selbstkosten im Tag- und Nachtluftverkehr bei verschiedener Verkehrsdichte auf europäischen Kontinentalstrecken im Jahr 1934**

| Verkehrsdichte | Tagluftverkehr | | Nachtluftverkehr | |
|---|---|---|---|---|
| Zahl der Verkehrsgelegenheiten zur Tag- oder Nachtzeit | Selbstkostenanteil der | | Selbstkostenanteil der | |
| | Unternehmungen % | Allgemeinheit % | Unternehmungen % | Allgemeinheit % |
| 1 | 2 | 3 | 4 | 5 |
| 1 | 75 | 25 | 66 | 34 |
| 2 | 81 | 19 | 72 | 28 |
| 3 | 85 | 15 | 76 | 24 |

druck, daß sich für die Luftverkehrsunternehmungen die Verantwortung für die Deckung der Selbstkosten durch Verkehrseinnahmen im Nachtluftverkehr gegenüber dem Tagluftverkehr nur unwesentlich ändert. Andererseits wird die Allgemeinheit stärker belastet als im Tagluftverkehr, so daß es Aufgabe der Luftverkehrsunternehmungen ist, durch geschickte Betriebsdisposition im eigenen Interesse diese Mehrbelastung der Allgemeinheit so gering wie möglich zu machen. Daß sie dieser Aufgabe, soweit es in ihren Kräften steht, gerecht zu werden versuchen, darf um so weniger bezweifelt werden, als sie durch eine geschickte Betriebsdisposition auch, wie wir gesehen haben, eine Senkung von festen Kostenarten je angebotenes Nutztkm im kombinierten Tag-Nachtluftverkehr und damit eine Verbesserung der Wirtschaftlichkeit im Luftverkehr ganz allgemein erreichen können.

## XII. Schlußfolgerungen

Die technischen und betrieblichen Grundlagen für den Nachtverkehr der Verkehrsmittel erhalten für den Nachtluftverkehr bei seinen hohen Geschwindigkeiten neuartige und für den praktischen Luftverkehr wichtige Beziehungen zu der Fortschritts- oder Wandergeschwindigkeit der Tag- und Nachtgrenze auf der Erde. Sie stellen den Tag-Nachtluftverkehr auf großen Entfernungen in der West-Ostrichtung unter wesentlich günstigere Bedingungen als in der Ost-Westrichtung.

Vom Standpunkt der Betriebssicherheit ist ein allmählicher nicht zu plötzlicher Übergang des Flugs aus der Tageshelligkeit in die Dunkelheit von besonderer Bedeutung. In dieser Beziehung hat die Untersuchung der Dauer der Dämmerung, in der dieser Übergang stattfindet, zu der wichtigen Erkenntnis geführt, daß in der gemäßigten Zone, die die größten Verkehrsbedürfnisse für den Luftverkehr aufweist, die Dämmerungszeit wesentlich günstiger gelagert ist als in der Äquatorzone.

Die räumliche und zeitliche Verteilung von Tag und Nacht im Erdraum ist für den Nachtluftverkehr von wesentlich größerer Bedeutung als für die erdgebundenen Verkehrsmittel. Ihre Schwankungen im Laufe eines Jahres stellen an die zuverlässige Betriebsbereitschaft aller zur Orientierung im Raum notwendigen Einrichtungen für den Nachtluftverkehr besonders hohe Anforderungen. Bei den hierdurch gegebenen technischen und betrieblichen Schwierigkeiten im Nachtluftverkehr wird die Einrichtung des Nachtluftverkehrs nur dann gerechtfertigt sein, wenn er gegenüber dem Tagluftverkehr und dem Tag-Nachtverkehr der Erdverkehrsmittel besondere verkehrswirtschaftliche Vorteile zu bieten vermag.

Soweit diese Vorteile in einer wesentlich kürzeren Beförderungszeit des Tag-Nachtluftverkehrs gegenüber dem Tagluftverkehr auf große Entfernungen bestehen, sind sie gebunden an die zeitliche Lage der Verkehrsbedürfnisse, die Größe der Entfernung und an die Arbeitsbereitschaft der im wirtschaftlichen Leben tätigen Menschen. Unter diesen Gesichtspunkten ist der Nachtluftverkehr auf den kontinentalen Entfernungen in erster Linie wertvoll für die in den Nachmittags- und Abendstunden aufkommenden Verkehrsbedürfnisse im Personen-, Post- und Frachtverkehr. Auf den großen Weltluftverkehrslinien ist der Nachtluftverkehr dem Tagluftverkehr ganz allgemein überlegen.

In allen verkehrlich gut erschlossenen Gebieten, in denen der Nachtluftverkehr mit dem Tag-Nachtverkehr der erdgebundenen Verkehrsmittel im Wettbewerb steht, gewinnt er im kontinentalen Verkehr erst Bedeutung auf Entfernungen, die größer sind als die von Erdverkehrsmitteln in der Nachtzeit zurückgelegten Strecken, und hierbei in erster Linie für die zur Abendzeit vorliegenden Verkehrsbedürfnisse, die im Vergleich zu den übrigen im Laufe eines Tages aufkommenden Verkehrsbedürfnissen, vor allen Dingen im Post- und Frachtverkehr, besonders groß sind. Auf Grund der hierzu ermittelten kritischen Entfernungen für den Nachtluftverkehr konnte ein Grundnetz für den Nachtluftverkehr Europas für Personen, Post und Fracht aufgestellt werden. Seine Struktur zeigt, daß für den europäischen Nachtluftverkehr in erster Linie die Beförderung von Post und Fracht, weniger dagegen die Beförderung von Personen in Frage kommt. Da das kontinental-europäische Nachtluftverkehrsnetz Ausgangs- und Endfläche für die Weltluftverkehrslinien sein muß, so lassen sich Nachtluftverkehrsstrecken 1. und 2. Ordnung für Europa festlegen, die vom Standpunkt der verkehrswirtschaftlichen Bedeutung des Nachtluftverkehrs die Grundlage für ein weitsichtiges Ausbauprogramm des Nachtluftverkehrsnetzes Europas bilden müssen.

Die Einrichtung von Nachtluftverkehrsstrecken in Europa entspricht nach dem heutigen Stand diesen Grundlagen noch nicht in genügendem Maße. Sie wird nach bestimmten Richtungen ergänzt werden müssen. Was den Flugzeugpark für den Nachtluftverkehr anbelangt, so hat er in den Vereinigten Staaten von Amerika bereits eine Entwicklung im praktischen Verkehrsbetrieb erfahren, die für die Konstruktion und verkehrsmäßige Einrichtung von Flugzeugen für den Nachtluftverkehr von besonderer Bedeutung ist.

Die Mehrkosten, die der Nachtluftverkehr gegenüber dem Tagluftverkehr aufweist, bewegen sich mit 15—16 % in durchaus tragbaren Grenzen. Sie sind um so weniger ein Hinderungsgrund zur Einrichtung von Nachtluftverkehrsstrecken, als die Untersuchungen im Zusammenhang mit den in Heft 8 der Forschungsergebnisse durchgeführten Studien über den Schnellverkehr in der Luft ergeben haben, daß die Einrichtung des Nachtluftverkehrs auf großen Entfernungen vielfach wirtschaftlicher ist als eine zu große, erhebliche Mehrkosten verursachende Steigerung der Reisegeschwindigkeit durch die Einrichtung des Schnellverkehrs in der Luft. Vor allem ist auf weltweite Entfernungen ein Luftverkehr, der bei nächtlichen Unterbrechungen höchste Geschwindigkeiten für den Tagflug vorsieht, unwirtschaftlicher als ein durchgehender Tag-Nachtluftverkehr, sofern bequeme Nachtflugzeuge eingesetzt werden und die Bodenorganisation hergerichtet ist.

Es muß daher zur Steigerung der Leistungsfähigkeit und Wirtschaftlichkeit des Luftverkehrs allgemein der Nachtluftverkehr auf großen kontinentalen und Weltluftverkehrsentfernungen als ein besonders wichtiges Problem angesehen werden. Seine Lösung ist in nächster Zukunft vor allem für Europa in geschlossener Zusammenarbeit der europäischen Luftverkehrsländer in bezug auf den Ausbau der technischen Einrichtungen zur Orientierung im Raum für die Nachtzeit und in bezug auf zweckmäßigste Flugplangestaltung besonders dringlich.

# Literaturübersicht


Air Almanac, Washington 1933.
Air Commerce Bulletin, Washington.
Aircraft Yearbook, New York.
Bardel, „Le prix de revient des transports aériens“, in: L'Aéronautique Nr. 196, Paris 1935.
Breguet, „Le problème des avions de transport“, in: La Science Aérienne, Heft 3, Paris 1935.
Bulletin de la Navigation Aérienne, Paris.
Freiesleben, „Praktische Dämmerungsfragen“, in: Annalen der Hydrographie und maritimen Meteorologie, Berlin, November 1931.
Geschäftsberichte der Deutschen Reichsbahngesellschaft, Berlin 1929 und 1933.
Geschäftsberichte der Pullman Sleeping Car Co., Chicago 1929 und 1933.
Hirschauer, „L'Aviation au Long Cours“, in: L'Illustration, September 1935.
Hirschauer-Dollfuß, L'Année Aéronautique, Paris.
Interavia, Genf, 1934 und 1935.
K. Kähler, „Über die Helligkeit nach Sonnenuntergang“, Meteorologische Zeitschrift 1927.
W. Malsch, „Ende der Tageshelligkeit nach Sonnenuntergang“, Meteorologische Zeitschrift 1927.
Nachrichten für Luftfahrer, herausgegeben vom Reichsminister der Luftfahrt.
Pirath, „Die Grundlagen der Verkehrswirtschaft“, Berlin 1934.
Report on the Progress of Civil Aviation, London.
Revue aéronautique internationale, Paris.
F. Schembor, „Ergebnisse von Helligkeitsmessungen mit der Kaliumzelle in der Dämmerung“, Gerl. Beiträge zur Geophysik, Band 28.
Schütte, „Wann geht die Sonne auf und unter?“, Berlin und Bonn 1930.
Schütte, „Der Verlauf der bürgerlichen Dämmerung auf der ganzen Erde mit besonderer Berücksichtigung des Polargebiets“, in: Meteorologische Zeitschrift, Heft 2, Braunschweig 1936.
Schütte, „Der Einfluß der Bewölkung auf die Dauer der bürgerlichen Dämmerung“, München 1936.
Schwedisches Verkehrsministerium, Abt. Luftfahrt, „Utredning rörande Reguljär Luftfart samt Luftfartsmyndighetens Organisation“, Stockholm 1934.
Statistica delle Linee Aeree Civili Italiane, Rom.

## FORSCHUNGSERGEBNISSE
## DES VERKEHRSWISSENSCHAFTLICHEN INSTITUTS FÜR LUFTFAHRT
### AN DER TECHNISCHEN HOCHSCHULE STUTTGART
### HERAUSGEGEBEN VON PROF. DR.-ING. CARL PIRATH

---

Heft 1: **Die Probleme und das Verkehrsbedürfnis im Luftverkehr.** Von Prof. Dr.-Ing. Carl Pirath 35 Seiten, 12 Abbildungen, 7 Tabellen. Lex.-8⁰. 1929. Broschiert RM 2.70

Inhalt: Die Luftfahrt und die Verkehrsprobleme der Gegenwart. Verkehrsströme im Luftverkehr.

Heft 2: **Gestaltung des Weltluftverkehrsnetzes und seiner Flughafenanlagen.** 75 Seiten, 42 Abbildungen, 5 Tabellen. Lex.-8⁰. 1930. Broschiert RM 4.50

Inhalt: Die Gestaltung des Weltluftverkehrsnetzes nach wirtschaftlichen und betriebstechnischen Gesichtspunkten. Von Prof. Dr.-Ing. Carl Pirath. Die Verkehrsflughäfen als Betriebszellen des Weltluftverkehrsnetzes. Von Prof. Dr.-Ing. Carl Pirath. Die betriebswirtschaftlichen Grundlagen für die Anlage und Ausgestaltung von Verkehrsflughäfen. Von Dr.-Ing. Richard Brandt.

Heft 3: **Grundlagen und Stand der Wirtschaftlichkeit im Luftverkehr.** 91 Seiten, 9 Abbildungen, 31 Tabellen. Lex.-8⁰. 1930. Broschiert RM 4.50

Inhalt: Der Stand der Luftverkehrswirtschaft. Von Prof. Dr.-Ing. Carl Pirath. Die vom Standpunkt des Verkehrs an den Bau von Flugzeugen zu stellenden Forderungen. Von Prof. Dr.-Ing. Carl Pirath. Die Selbstkosten im Luftverkehr. Von Regierungsbaumeister Max Jacobshagen. Preisbildung und Subvention im Luftverkehr. Von Prof. Dr.-Ing. Carl Pirath. Der wirtschaftliche Wert von Ersparnissen am Flugzeugleergewicht. Von Dr.-Ing. Fritz Wertenson.

Heft 4: **Die Luftverkehrswirtschaft in Europa und in den Vereinigten Staaten von Amerika.** Von Prof. Dr.-Ing. Carl Pirath. 105 Seiten, 45 Abb., 35 Tab. Lex.-8⁰. 1931. Brosch. RM 8.—

Inhalt: Luftverkehrspolitik und Stand des Weltluftverkehrs. Die Luftfahrtwirtschaft der Vereinigten Staaten von Amerika. Die Flughäfen in den Vereinigten Staaten von Amerika in Ausgestaltung und Betrieb.

Heft 5: **Die Hochstraßen des Weltluftverkehrs.** Von Prof. Dr.-Ing. Carl Pirath. 47 Seiten, 5 Abbildungen, 27 Tabellen. Lex.-8⁰. 1932. RM 3.20

Inhalt: Ein Gegenwartsproblem des Weltluftverkehrs. Verkehrsaufkommen im transkontinentalen und transozeanen Luftverkehr in den verschiedenen Verkehrsbeziehungen. Betriebstechnischer Einsatz des Flugzeuges oder Luftschiffs in Abhängigkeit von a) der betriebstechnischen Reichweite, b) der Zeitersparnis, c) dem Verkehrsaufkommen. Wirtschaftlicher Einsatz des Flugzeugs oder Luftschiffs in Abhängigkeit von den Selbstkosten der Beförderung. Deckung der Selbstkosten durch Beförderungspreise. Schlußfolgerungen.

Heft 6: **Die Grundlagen der Flugsicherung.** 116 Seiten, 27 Abb. Lex.-8⁰. 1933. Brosch. RM 7.—

Inhalt: Die Probleme der Flugsicherung. Von Prof. Dr.-Ing. Carl Pirath. Die Flugsicherung im europäischen Luftverkehr. Von Regierungsbaurat Dr.-Ing. Friedr. Wilh. Petzel. Die Flugsicherung in den Vereinigten Staaten von Amerika. Von Dr.-Ing. Edgar Rössger.

Heft 7: **Der private Luftverkehr.** 73 Seiten, 21 Abbildungen. Lex.-8⁰. 1934. Broschiert RM 4.50

Inhalt: Die Entwicklungsgrundlagen des privaten Luftverkehrs. Von Prof. Dr.-Ing. Carl Pirath. Betriebs- und verkehrswirtschaftliche Untersuchung des Sport- und privaten Reiseflugs. Von Dr.-Ing. Helmut Kübler.

Heft 8: **Der Schnellverkehr in der Luft und seine Stellung im neuzeitlichen Verkehrswesen.** 73 Seiten, 31 Abbildungen. Lex.-8⁰. 1935. Broschiert RM 4.80

Inhalt: Die allgemeinen Grundlagen des Schnellverkehrs in der Luft. Von Prof. Dr.-Ing. Carl Pirath. Betriebs- und verkehrswirtschaftliche Untersuchungen über den Schnellverkehr in der Luft. Von Dr.-Ing. Herbert Zöllner.

Heft 9: **Konjunktur und Luftverkehr.** Von Prof. Dr.-Ing. Carl Pirath. 57 Seiten, 32 Abbildungen. Lex.-8⁰. 1936. Broschiert RM 4.50

Inhalt: Das Bild der wirtschaftlichen Entwicklung 1927–1933. Die Verkehrswirtschaft 1927–1933. Die technische, betriebliche und organisatorische Entwicklung des Luftverkehrs 1927–1933. Die Verkehrsleistungen im Luftverkehr 1927–1933. Die Wirtschaftlichkeit im Luftverkehr 1927–1933. Schlußfolgerungen.

---

Die Hefte 1—6 sind erschienen bei

R. OLDENBOURG / MÜNCHEN 1 UND BERLIN

Heft 7 und folgende bei

VERKEHRSWISSENSCHAFTLICHE LEHRMITTELGESELLSCHAFT M. B. H. BEI DER DEUTSCHEN REICHSBAHN / BERLIN W 9

Zu beziehen durch jede Buchhandlung!